Una vida natural al lado de un árbol
El manzano

PEPE RIESTRA

Patrocinan:

Impreso y editado por Books on Demand GmbH
info@bod.com.es - www.bod.com.es
Impreso en Alemania – *Printed in Germany*

ISBN: 9788413266916

Dedicado a mis padres,
por los valores que me han inculcado y
porque muchas de sus enseñanzas están
reflejadas en las páginas de este libro.

La tierra ofrece lo suficiente para
satisfacer las necesidades de todos, pero
no la codicia de algunos.
Mahatma Gandhi

Índice:

Introducción 9

Capítulo i. Objetivos 11

Capítulo ii. El árbol 19

Capítulo iii. La savia 23

Capítulo iv. Las yemas 25

Capítulo v. Las hojas 27

Capítulo vi. La flor 31

Capítulo vii. La polinización 33

Capítulo viii. Ramas u órganos productivos 45

Capítulo ix. La manzana 47

Capítulo x. ¿Plantamos un árbol? 61

Capítulo xi. Vecería o alternancia 69

Capítulo xii. "Adios" a la vecería (abono, riego, poda y aclareo) 77

Capítulo xiii. La reproducción 105

Capítulo xiv. Enfermedades del manzano 113

Capítulo xv. Resumen, presagio y el final 139

INTRODUCCIÓN

Son varios los motivos por los que me decido a escribir este libro y varios los objetivos que se pretenden conseguir con el mismo.

En primer lugar, el profundo respeto que tengo a nuestra historia, a nuestras tradiciones, en definitiva a nuestra cultura, me hacen sentir la necesidad de transmitir a los demás los conocimientos adquiridos durante años de experiencia y aprendizaje en torno a un árbol, por el que siento una gran admiración.

En segundo lugar, el deterioro al que estamos sometiendo a nuestro medio natural.

Ya nadie niega el cambio climático, con el consiguiente aumento de temperatura (Efecto invernadero).

Diques de los puertos que ya no aguantan las embestidas del mar.

Especies de plantas invasoras que proliferan por nuestros campos.

Insectos depredadores que se adaptan a nuestro clima y que acaban con nuestras especies autóctonas.

Cada día más bosques abandonados o quemados.

Mares y ríos que ya no llevan más plásticos, etc. etc.

En tercer lugar, el problema demográfico que afecta a nuestro País, con miles de núcleos rurales totalmente abandonados, con la consecuencia de miles y miles de hectáreas de terreno cultivable que se llena de matorrales, con la consiguiente pérdida de especies hortofrutículas autóctonas que desaparecerán para siempre.

"El Principado de Asturias, pierde en veinte años, la mitad de sus tierras cultivables. El motivo, son los cambios de uso del suelo y el abandono de la actividad agraria.

La Nueva España 23.05.2019

No hace falta decir, que este problema está directamente relacionado con el abandono de nuestras tradiciones y culturas.

Es evidente que, de seguir por este camino, el ecosistema terminará más pronto que tarde colapsando y es posible que este desastre lo tengamos más cerca de lo que pensamos. Evidentemente el problema no va a surgir de repente, lo vamos a ir padeciendo y sufriendo poco a poco, tendremos que ir conviviendo con él y adoptando medidas de urgencia en momentos determinados.

Estamos viendo los problemas de contaminación que empiezan a padecer nuestra ciudades.

Solución, que si eliminamos coches diesel, que si circulamos a 30 por hora, son soluciones de emergencia que no encaran el verdadero problema.

Quizás estas primeras líneas de la introducción presenten un panorama un poco CATASTROFISTA o quizás REALISTA, me gustaría quedarme con la primera, pero lamentablemente pienso que la más acertada es la segunda.

Personalmente creo que detener este deterioro, ya es imposible, pero deberíamos analizarlo, conocerlo, ver exactamente en qué fase estamos y aplicar políticas de adaptación a nuevos sistemas de vida, de protección o reordenación del medio ambiente.

¡NO PROHIBICION!, que hasta ahora no sólo no ha resuelto el problema, sino que lo ha empeorado.

No podemos esperar a que los gobiernos apliquen soluciones adecuadas, sus políticas son siempre cortoplacistas.

Las medidas que se deberían tomar para encauzar este deterioro, necesitarían importantes inversiones, cuyo rendimiento se vería a medio y largo plazo, y esto no es rentable políticamente.

Nosotros mismos tenemos que tomar conciencia y responsabilidad para acostumbrarnos a aprender a vivir de otra manera y también, por supuesto, exigiendo a nuestros gobernantes esa misma responsabilidad y que sus políticas en el tema medioambiental sean más acordes con los tiempos que vivimos.

Si de verdad dejáramos de mirar para otro lado, si nos convenciéramos de que algo tenemos que hacer para que nuestros descendientes tengan un ecosistema más sostenible, más limpio y más acorde con la realidad, deberíamos retomar ciertas costumbres abandonadas y poner la vista en el medio rural. (No olvidemos que todo, absolutamente todo lo que comemos proviene de este medio y del mar), ponernos manos a la obra, conocer mejor la naturaleza, adquirir nuevos hábitos y dedicar parte de nuestro tiempo de ocio a hobbies relacionados con el medio natural y de esta manera involucrándonos de verdad, nos daremos cuenta de lo ameno, agradable e ilusionante que es, incluso nos sentiremos mejor como seres humanos volviendo la vista al que hasta ahora le hemos dado la espalda. EL MUNDO RURAL.

CAPÍTULO I

OBJETIVOS

Una economía lineal, es insostenible. No se puede producir, consumir y luego desperdiciar o tirar.

Hay que ir a una economía circular “SOSTENIBLE”, lo que siempre ha hecho la naturaleza por sí sola. Producir, consumir y aprovechar los residuos como recursos.

Hay que aprovechar todo, no sólo productos alimenticios, utensilios, muebles, objetos, etc. Todo lo que en un momento determinado pensamos que ya no sirve, quizás tenga una segunda vida.

Si a nosotros ya no nos vale, quizás a otros sí les puede servir.

“IDEAS PARA EMPRENDEDORES”, Cultura del trueque utilizando las redes sociales, Web Online etc.

Investigación por parte de los gobiernos, para reducir desperdicios de una forma sostenible, o de lo contrario, terminaremos tapando el planeta con basura.

El deterioro al que hemos llevado a la naturaleza, no viene sólo por el cambio climático, sinó también por el cambio del uso de suelo a favor de la urbanización y del uso de tierras cultivables para la agricultura industrial intensiva.

Con el fin de paliar el hambre en el mundo, se han hecho grandes inversiones en la tecnificación del campo, auge de monocultivos intensivos, utilización indiscriminada de productos químicos fitosanitarios, con el único objetivo de producir, producir y producir, y lo que es más aberrante la apropiación de patentes de semillas, para luego aprovecharse de la venta de plantas genéticamente tratadas para evitar que la gente del campo pudiera reproducirlas.

Las semillas toda la vida fueron propiedad de la propia naturaleza, pues ahora “no”. Sus propietarios tienen nombre y apellidos. INCREIBLE.

Si de una vez por todas no nos implicamos en exigir a nuestros gobiernos que pongan medidas para paliar este problema, entre el cambio climático, que hace cuatro días se negaba institucionalmente, se decía que eran ciclos y admitido ahora por todo el mundo y con este sistema aberrante de producción a costa de lo que sea, llevaremos al medio natural al colapso total.

El primero objetivo, es revertir el panorama un tanto desolador, para convertirlo en algo ilusionante, algo que nos haga sentirnos útiles y capacitados para ponernos del lado de la naturaleza, ayudarla trabajando con ella, incluso para nuestro propio beneficio.

He pensado que en torno a un vegetal extraordinario como es el MANZANO (El PUMAR como decimos los asturianos) podríamos adquirir una serie de conocimientos y hábitos de trabajo rural, que en otros tiempos eran práctica habitual de nuestros antepasados.

Podríamos empezar conociéndolo, pero conociéndolo de verdad, "por dentro", como digo yo, sus partes, su ciclo anual y todo lo que podemos obtener de él sabiendo trabajarlo.

Para ello, hablaré de sus características y funciones, cómo plantarlo, cómo abonarlo, cómo podarlo, cómo tratarlo en sus plagas y enfermedades más habituales, cómo corregir sus excesos o faltas de producción (vecería).

Intentaré hacerlo de una manera sencilla y clara, huyendo todo lo que pueda de tecnicismos, que en ocasiones nos pueden confundir.

Explicaré las técnicas de trabajo más naturales posibles, procurando evitar productos químicos y fitosanitarios, aunque hablaré de ellos porque en ocasiones no quedará más remedio que utilizarlos.

A lo largo de las páginas veréis temas verdaderamente interesantes y sorprendentes, os daréis cuenta de lo fácil que es aprender a mirar un árbol, saber lo que está haciendo en ese momento y entender los mensajes que nos transmiten en ocasiones los vegetales.

Este es el primer objetivo que se pretende con la lectura de este libro, que os ilusionéis con él, cuando vayáis a vuestro pueblo, a la casa de vuestros padres, abuelos etc. que os pongáis delante de un MANZANO y que empecéis a hacer cosas: podarlo, abonarlo, regarlo, y ver cómo desarrolla su ciclo anual, hasta llegar a la cosecha, caída de la hoja y entrada en parada vegetativa o hibernación.

Si no hubiera MANZANOS en vuestro entorno, decidiros aunque sea como hobby a plantar alguno, incluso una plantación, pequeña o grande, es igual, algo que os obligue a prestarle atención. Os aseguro que vais a disfrutar de verdad.

El resultado final, va a ser una cosecha de manzanas, que lamentablemente estamos viendo por las aldeas, que en ocasiones, ni siquiera llegan a recogerse, dejándolas pudrirse en el suelo, parece ser QUE NO MERECE LA PENA, es lógico, es mucho más cómodo ir a la tienda y comprarlas, este es el modo de vivir que nos están enseñando, despreciamos lo nuestro, lo que produce nuestra tierra con nuestro trabajo y con nuestro esfuerzo, y apostamos por productos que nos vienen de otros pueblos, como si no nos costaran dinero, y si hablamos de calidad, hablaremos de productos, sometidos a tratamientos de conservación, presencia, potenciadores de sabor etc. Eso sí, lo nuestro NO MERECE LA PENA.

El segundo objetivo, es por tanto, el APROVECHAMIENTO INTEGRAL de todo lo relacionado con el MANZANO y su entorno rural.

Si en algún momento habéis tenido la oportunidad de probar una manzana, un tomate, una coliflor, cosechada por vosotros mismos, seguro que os habéis percatado de que el olor, el sabor no es el mismo. Es más fresco, más aromático, más natural.

Habiendo sido cultivado por vosotros, seguro que ¿seguís pensando que NO MERECE LA PENA?

Del manzano, se aprovechan hasta las hojas, sí, hasta las hojas.

Fig. 1.0. Manto natural de hojas

Cuando llega el otoño después de la recogida de la cosecha, comienza la caída de la hoja, (El manzano es caducifolio), éstas se pueden utilizar como manto natural anti-hierbas en el huerto, extendiéndolas por el mismo cubriendo la tierra, de esta manera, al no tener luz solar, la hierba no sale, por otra parte, la hoja, es transpirable y permite el intercambio de humedad, conservando la tierra más esponjosa.

La hoja, va desapareciendo poco a poco, por podredumbre, aportando abono orgánico nitrogenado a la tierra y favoreciendo que acudan infinidad de lombrices, que la filtran y oxigenan.

Haced la prueba y veréis que el resultado final es que llegada la primavera, es mucho más fácil trabajar el huerto. La tierra no estará tan apelmazada, estará más esponjosa y más aireada por el trabajo de las lombrices de tierra.

También os informo que estas mantas anti-hierbas, las encontraréis en cualquier almacén de productos agrícolas, son plastificadas y cumplen perfectamente la misma función, ya que son permeables y permiten el intercambio de humedad, pero no es lo mismo, el sistema que os acabo de describir, es más natural, más económico y no deja RESIDUOS PLÁSTICOS.

Una vez que empezamos en primavera con los primeros cultivos en el huerto, también es recomendable la utilización de estos mantos anti-hierbas naturales, de esta manera no tendréis la necesidad de sallar.

Al tapar la tierra con el manto, no va a estar tan castigada por el sol, no tendrá hierbas y se va a mantener con un poco de humedad, por lo que no tendréis la necesidad de tener que regar tan a menudo, con el consiguiente ahorro de agua y por supuesto también de trabajo.

Ya sé que os preguntaréis que en primavera, ¿cómo os podéis hacer con un manto natural, si no hay caída de hojas?

Bien, ahora vamos a emplear la hierba, por lo que este caso, está más indicado para los que tenéis una pumarada cerca, o sencillamente un prado, para poder aprovechar la hierba que segamos.

Digo la pumarada, porque ésta deberíamos de segarla al menos cada quince días, porque de esta manera, al estar más limpia les complicamos un poco la vida a los roedores, ratón, topo, topillos etc.

Esta hierba lógicamente es corta y fina y se adapta muy bien para extenderla por el huerto cuando lo estamos sembrando o plantando.

En caso de que no tengamos pumarada, podemos aprovechar la hierba, del prado, pero tener en cuenta que debe ser hierba corta, en torno a los 10 cm. de esta manera la manejaremos mucho mejor, se adaptará mejor al huerto, y sobre todo, que todavía no habrá espigado, por lo que no nos aportará semillas a la tierra.

Fig. 1.1 . Manto de hierba en plantación de cebolla

Ya veis que en el entorno del manzano, es perfectamente compatible un huerto. ¿El tamaño?, en función de la parcela que tengáis, vosotros lo vais a decidir, en función de vuestras necesidades, infraestructura etc.

Este es otro de los objetivos, es decir, recuperar las costumbres de nuestros antepasados, que la casa de aldea esté rodeada de frutales y huerta que, abastezcan para nuestro consumo productos naturales cultivados por nosotros mismos.

Sé que esto es algo que tiene que gustar, pero si no os decidís a hacer una pequeña prueba, nunca sabréis si os gustará.

Estoy seguro que en cuanto empecéis a interesaros en hacer algún cultivo, plantar algún árbol, os vais a ilusionar, a verlo todas las semanas, a observar su crecimiento, a regarlo, a ver si da flor, fruto, en definitiva a disfrutarlo viviendo juntos su desarrollo.

Por ahí se empieza, y a partir de ese momento, entráis en un mundo distinto, más tranquilo, más natural, vais a conocer un poco mejor el medio rural, sentiréis la necesidad de colaborar con él y ver que con cosas muy simples y naturales le prestáis una ayuda enorme.

Personalmente os sentiréis mucho mejor, más realizados, defendiendo y apoyando nuestra cultura y algo tan débil, tan fuerte y tan imprescindible, como es la NATURALEZA.

Por otra parte el gran problema demográfico que está afectando a nuestro País, con miles de núcleos rurales totalmente abandonados o con un reducido número de habitantes, tiene muy difícil solución, sobre todo cuando no hay una gran voluntad política para aplicar medidas capaces de revertir la situación.

Se deberían hacer grandes inversiones, cuya rentabilidad se vería a largo plazo.

Es evidente que la concentración de habitantes en urbes metropolitanas, facilita muchísimo la prestación de servicios sanitarios, escolares, de comunicación, etc.

Todo lo contrario que en la zona rural, donde la dispersión de aldeas y núcleos rurales, dificulta muchísimo la prestación de estos servicios.

Llevar a los pueblos la red ancha de internet, mejora de las comunicaciones, servicios escolares, sanitarios etc. van a ayudar mucho, pero no van a evitar el despoblamiento.

Hay que darse cuenta que el problema está muy arraigado, viene de lejos y habría que remontarse como mínimo a dos generaciones.

Es un problema educacional, en el que nosotros mismos somos los responsables. Qué padres hay que no aconsejen y hagan todo lo posible para que sus hijos estudien una carrera y traten de encontrar un puesto de trabajo bien remunerado, en una buena empresa.

Siempre se pone como ejemplo que la vida en el campo, es muy dura y mal remunerada. Esto hace que nuestros jóvenes tengan como objetivo la salida del pueblo a la mínima oportunidad que se les presente.

Hace cincuenta o sesenta años se produjo un éxodo de jóvenes que abandonaron la zona rural para irse a las ciudades a estudiar o trabajar en fábricas, talleres y construcción.

Esto supuso para éllos un bienestar económico muy importante, que hace que se arraiguen en las ciudades y rompan todo nexo de unión con lo rural.

Estamos hablando de hace varias décadas, pero la situación actual es totalmente distinta, han cambiado mucho las cosas.

Hoy día el coste de una carrera universitaria es muy elevado, pero una carrera sin un máster, es como no tener nada, y éste cuesta muchísimo dinero.

Una vez finalizados los estudios y la formación, nos preguntamos:

¿Qué porcentaje de jóvenes excepcionalmente formados encuentran un buen puesto de trabajo relacionado con la carrera que han estudiado?

¿Cuántos de estos jóvenes malviven en puestos de trabajo precarios, en la mayoría de los casos que no tienen nada que ver con su formación?

¿Cuántos de estos jóvenes han tenido que abandonar su familia, su entorno para irse a otro País?

¿Alguien ha valorado lo que cuesta formar a un joven para que se vaya al extranjero a desarrollar su conocimiento y ayudar al progreso de otros pueblos?

¿Cuántos jóvenes con escasa formación intelectual y profesional encuentran un puesto de trabajo bien remunerado?

¿Cuántos de nuestros jóvenes tienen que sacrificar casi la mitad de su vida, para vivir de un trabajo y de un sueldo precario, atender un alquiler, una hipoteca, gastos comunitarios, vehículo o transporte público, manutención etc. etc.?

¿Cuántos jóvenes viven en pareja y sacrifican más de uno de los dos sueldos para atender esta riada de gasto, sin ninguna posibilidad de conciliar una vida familiar con hijos, y no digamos nada de los que tiene que compartir vivienda porque no les llega el sueldo?

Estoy convencido que este análisis no dista mucho de la realidad actual de la vida en una gran ciudad.

¿En qué cambiaría la vida de un joven en una aldea rural?

Pues en muchísimas cosas, en principio, lo que más le sorprendería sin duda, sería la carencia de ruidos y el olor de la naturaleza en la aldea, que no tienen nada que ver con el ruido de motores y bullicio de la ciudad.

El acceso a la vivienda es muchísimo más fácil y más barato, tanto en alquiler como propia, e incluso posiblemente muchos puedan disponer de viviendas familiares, que están en desuso.

La ausencia de compromisos hipotecarios, la no necesidad de cumplir todos los días con horarios rígidos, el no tener que pagar todo el día absolutamente por todo.

Harán que tengamos una vida mucho más tranquila, menos estresante, que es uno de los principales males que nos afectan hoy en día.

Bien, ¿a qué se pueden dedicar estos jóvenes en el mundo rural?

No tiene puertas el campo, por lo que se abre un abanico de posibilidades enormes para los emprendedores.

No nos debemos ceñir exclusivamente a las labores y a los métodos de trabajo empleados por nuestros padres y abuelos, es evidente que debemos aprovechar su experiencia, pero hoy en día tenemos más conocimiento, muchas más posibilidades de formación y sobre todo muchos más medios de los que ellos disponían.

Debemos respetar siempre las especies autóctonas de la zona, porque evidentemente son las mejor adaptadas al medio y las de más fácil manejo por el conocimiento que se tiene sobre éllas.

Los terrenos cultivables, aprovecharlos para la plantación de frutales, manzanos, cítricos, kiwis, tropicales, fruto rojo etc.

Aprovechar también las zonas cultivables hortícolas, al aire libre, o bajo invernadero, aprovechando también éstos para plantas ornamentales.

Terrenos de bosque bajo, plantaciones de castaño injertado, nogal, avellano etc.

Aprovechamientos madereros (biomasa), en montes.

Creación de empresas individuales, en sociedad, en cooperativa, para la comercialización de estos productos.

Pequeñas fábricas de derivados, dulces, mermeladas, licores etc.

Incluso avanzando un paso más en el cultivo y elaboración de derivados con certificación ecológica, que cada vez aumenta más la demanda de estos alimentos.

La red ancha en las zonas rurales, potencia de una manera extraordinaria la promoción y comercialización de estos productos a través de internet (ventas online), redes sociales etc.

Políticas de orientación hacia nuestros jóvenes, para que vean la vida en el mundo rural como una buena opción de futuro, con programas de formación profesional hacia la fruticultura, agricultura, ganadería y montes.

Existen entidades financieras, con experiencia en la financiación de estas actividades agroalimentarias.

Las compañías de seguros, disponen de seguros específicos que aseguran nuestras cosechas, que a veces se ven perjudicadas por fenómenos atmosféricos.

No tengo mucha experiencia y por tanto poco puedo informar sobre élla, pero no la puedo obviar.

La actividad ganadera, cría de ganado para la producción de leche, carne, granjas apícolas y otras crías de ganado.

Quizás la perspectiva de grandes extensiones de cultivo, grandes plantaciones y granjas, os asuste y os haga desistir incluso de plantearos esta posibilidad.

No os equivoquéis, una vida digna, que cubra vuestras necesidades económicas, familiares y sociales, también se puede lograr con pequeñas explotaciones.

Pensar que los mayores costes de producción vienen por la mano de obra, en explotaciones pequeñas y medianas, esta dependerá en su mayoría de vosotros mismos, por lo que el valor añadido, que es vuestro, no habrá que destinarlo a otros compromisos.

Por otra parte, en las zonas rurales, surgen trabajos temporales que requieren de mano de obra, a veces compatibles con vuestro trabajo, por lo que se pueden aprovechar.

También hay que tener en cuenta que vuestros gastos de manutención se verán muy reducidos. Ser autosuficientes es muy difícil, por no decir imposible, pero a medida que vayáis cogiendo experiencia en los cultivos, y vayáis alternando con plantaciones de temporada, combinado con los frutales, veréis que casi a lo largo de todo el año, tendréis productos de cosecha propia.

Como anécdota, diré que desde mi niñez siempre he oído decir que en los pueblos nunca se pasa hambre, seguro que es una exageración, pero de lo que no me cabe la menor duda, es que se puede conciliar una vida tranquila, muy enriquecedora y no me cansaré de repetir y lo haré más veces en sucesivos capítulos, lo bien que se siente uno personalmente trabajando con la naturaleza.

Sin élla no hay futuro.

Había creado al principio de este capítulo una figura excepcional y extraordinaria, alrededor de la cual aprenderemos técnicas de trabajo, que poco a poco iremos aprovechando e implementando para otros cultivos y actividades relacionadas.

Así que vamos a empezar a conocer EL MANZANO.

CAPÍTULO II

EL ÁRBOL

El MANZANO pertenece al género de las rosáceas (Malus Doméstica).

Su origen se sitúa en los climas templados del Asia Central, zona del Cáucaso y más concretamente en Kazajistán, cerca de las fronteras de China y Rusia.

Se introduce en Europa siguiendo la ruta de seda, ruta comercial entre China y Europa, Arabia, Turquía, etc.

Las primeras semillas, llegan a la zona norte de nuestro País, entre los años 60 y 80 A.C., en plena invasión de los romanos.

Fig. 2.1. El manzano

Lleva por tanto unos 2.100 años entre nosotros, por eso cuesta entender que un árbol que después de más de dos mil años, que ha significado tanto a nivel económico, social, incluso cultural, sea sin embargo, ese gran desconocido.

Por este motivo, en las zonas manzaneras de nuestro país, Aragón, Cataluña, Asturias, País Vasco, Galicia etc., se deberían impartir cursos de formación a través de entidades o asociaciones que enseñen a los jóvenes, todo lo relacionado con el manzano, sus partes, su ciclo anual, mantenimiento de pumaradas etc., de esta manera se sentirían más atraídos hacia éste sector y con un poco más de profesionalidad, tendríamos mejores cosechas y de más calidad.

EL MANZANO, es un árbol muy noble, de rápido crecimiento y entrada en producción, muy productivo y durante la fase de crecimiento, muy fácil de formar, pudiendo darle acabado en copa, eje vertical, palmeta etc.

Se reproduce por:

Reproducción sexual, a partir de semillas (pepitas), obteniendo un porta-injerto o patrón franco.

O por propagación asexual, también conocida por clonación o multiplicación. Pudiendo ser por, clonación de raíces, injerto etc.

No hace falta decir, que su fruto, es la manzana, la fruta que más se produce en el mundo, por encima de la uva y del plátano. Con una producción entorno a los ochenta millones de toneladas.

China es el mayor productor, con unos veinticinco millones de toneladas.

En Europa los países más productores son Italia y Turquía, en torno a los dos millones de toneladas.

En España la producción anual alcanza aproximadamente las 200.000 Tm. siendo Aragón y Cataluña las mayores productoras en manzana de mesa, y Asturias la mayor productora en manzana de sidra

La manzana, se puede consumir al natural, cocida, asada, en mermelada, dulce o acompañando platos cocinados.

Se puede consumir el mosto sin fermentar, mediante sistemas de eliminación de bacterias y levaduras, mediante cocción.

También mediante la fermentación del mosto se puede elaborar sidra natural, espumosa, licores como sidra de hielo, aguardientes de sidra, vinagre etc.

Toda esta elaboración forma parte del objetivo que había comentado, EL APROVECHAMIENTO INTEGRAL DE TODO LO RELACIONADO CON EL MANZANO.

La manzana, contiene vitaminas B, C, H y minerales como Calcio, Fósforo, Hierro, Magnesio, agua, aproximadamente un 80%, glucosa y sacarosa.

Contiene también pectinas, principalmente en la piel, que facilitan la digestión.

El corazón de la manzana, es una parte dura y escamosa, donde se alojan las semillas o pepitas, en cantidad de 4 a 8 unidades, éstas contiene cianuro, por lo que no es aconsejable su consumo, sobre todo en niños pequeños, como es natural.

Estructuralmente está formado por tres partes bien diferenciadas, la parte radical o raíces, el tronco y la copa.

Fig. 2.2. Forma estructural

Las raíces, son las primeras que salen de la semilla, y cuando el árbol es adulto, ocupan un espacio en círculo de una superficie de aproximadamente 1,5 veces mayor que la copa, con una profundidad de hasta unos 50 o 60 cm.

Están compuestas por guías principales, secundarias y filamentos.

Son las encargadas de sujetar y anclar el árbol a la tierra y a través de los filamentos, absorber el agua y nutrientes minerales del suelo, para proyectarlos a todo el árbol a través de la savia bruta, como veremos más adelante.

Esta actividad se realiza en círculo alrededor del árbol, a partir aproximadamente de la mitad de la copa hacia el exterior y su ciclo comienza en primavera y durando todo el verano y otoño.

Durante el invierno sirven de almacén de nutrientes para alimentarlo durante la parada vegetativa o letargo invernal.

El tamaño de las raíces, tienen una gran influencia en el crecimiento y entrada en producción.

Es evidente que en un árbol recién injertado sobre un patrón franco, la raíz es muchísimo mayor que la copa, ya que ésta en realidad es un sólo ramo delgado y limpio de hojas y ramas.

Esto hace que el crecimiento y la ramificación van a ser muy rápidos, en tres o cuatro años, vamos a ver ya la forma del árbol, por tanto, a medida que se va reduciendo la proporción de tamaño entre la copa y la raíz, el árbol irá entrando en producción.

El tronco, se desarrolla una vez formada la raíz, es la parte aérea del árbol, que sostiene la copa.

Es bastante recto y erguido, su corteza, es escamosa de color grisáceo, sobre todo en árboles adultos, puede llegar hasta una altura de 6 o más metros, a través de él, circula la savia, entre la unión de la corteza y la madera, también sirve como almacén de nutrientes para la reserva invernal.

La copa, es la parte aérea del árbol, donde se desarrollan las fases más importantes del ciclo anual, podríamos decir, que es la auténtica sala de máquinas.

Está formada por ramas principales, que son las que salen del tronco, ramas secundarias que salen de las principales, ramas terciarias que salen de las secundarias etc.

Es en la copa donde van a estar los órganos o ramas productivas, por tanto donde se va a situar toda la producción del árbol.

Conocida la parte estructural, o parte fija, a partir de ahora vamos a conocer otras partes y funciones que son las encargadas de desarrollar su ciclo anual.

En los siguientes capítulos, vamos a describirlas, tal como se desarrollan en el árbol, desde el inicio de la primavera, comenzando por la savia, que es la primera que se pone en movimiento.

CAPÍTULO III

LA SAVIA

La savia es el líquido transportado por lo tejidos del árbol, situados entre la corteza y la madera, que se denominan Xilemas (conductos de subida) y Floemas (conductos de bajada).

Hay dos tipos de savia, la savia bruta que se genera en la raíz y la savia elaborada que se genera en las hojas.

La savia bruta:

Tal como he comentado, se genera en la raíz, está compuesta por agua y nutrientes minerales que son los reguladores del crecimiento, tanto de la propia raíz, como de la parte aérea del árbol, tronco, ramas etc. así como la fase de la brotación en primavera.

Al final del invierno, con el aumento de la luz solar y el cambio de temperatura, la savia comienza a ponerse en movimiento. Es en este momento cuando las raíces absorben el agua y los nutriente minerales de la tierra que pasan a las células de los conductos de subida, llamados Xilemas, éstas se hinchan y ejercen una fuerte presión sobre la parte externa y más fuerte de la raíz, debido a ésta presión, la savia comienza a subir por los conductos llegando hasta la última punta de la última rama de la copa y ocupando toda la superficie de la misma, hará que se hinchen las yemas, produciendo la brotación, y hará crecer la raíz y las ramas.

Esta información, está basada en la teoría CONEXIÓN-TENSIÓN, del botánico Henry Dixon, en la que afirma que la savia bruta en el Xilema, es arrastrada hacia arriba, en contra de la fuerza de la gravedad.

La savia elaborada:

Es la que se elabora en la hojas, está compuesta principalmente por azúcares, nutrientes y minerales disueltos.

Mediante la función fotosintética, (que se describirá más adelante con más detalle en el capítulo dedicado a las hojas), la savia que generan las hojas, pasa a integrarse en la savia bruta, convirtiéndola en savia elaborada, una vez que se produce este hecho, ésta desciende desde las hojas hasta la raíz, por lo conductos denominados Floemas.

Esta savia, sirve para aportar nutrientes, tanto a la fruta, como al propio árbol, y también formará parte de la reserva invernal para alimentar al árbol durante el invierno.

Con el movimiento de la savia bruta, llegada la primavera, lo primero que se produce es el hinchamiento y brotación de las yemas, por lo que el siguiente capítulo lo voy a dedicar esta parte de árbol.

CAPÍTULO IV
LAS YEMAS

Se forman en la axila de las hojas y son el origen de las distintas partes que forman la copa, hojas, ramas, órganos productivos etc.

Como he comentado con el aumento de la luz solar y la temperatura las yemas son las formaciones vegetativas del árbol que primero brotan.

Para que éstas broten adecuadamente, es necesario que durante el invierno haya unas 700 horas, con una temperatura en torno a los 7º C.

Si ésto no se produce, tendremos trastornos en la brotación, se producirán caídas de yemas, de brotes florales, incluso afectará al propio desarrollo del árbol.

Con el aumento de las temperaturas invernales de los últimos años, cada vez cuesta más llegar a las 700 horas, así que cada vez nos acercamos más a línea roja, esperemos y tengamos confianza en la naturaleza para que se adapte a la nueva climatología, de lo contrario este problema no le veo solución.

Principalmente, podemos hablar de dos tipos de yemas:

Yemas vegetativas o de madera, éstas se forman en cualquier parte del árbol, son pequeñas, puntiagudas y están muy pegadas a la madera, pueden producir ramas nuevas.

Yemas productivas o florales, se diferencian de las anteriores en que son mayores, más ovaladas, no están tan pegadas a la madera y son más blandas.

Las encontraremos en las ramas u órganos productivos, que luego las conoceréis.

Cada yema floral puede producir hasta cuatro o cinco flores.

Las yemas en su origen son todas vegetativas o de madera, aproximadamente a finales de Junio y Julio, se produce la inducción floral, que consiste en que las yemas vegetativas sufren un cambio fisiológico, que las hace evolucionar a yemas de flor.

Una vez producida la diferenciación floral, aparecen los primordios florales.

La definición botánica de un primordio, es la siguiente:

Estado en que se encuentra un órgano en formación, protegido en el interior de una yema.

Fig. 4.1. Yema de madera (fruticultura.Udl.Es)

Fig. 4.2 - Yema de flor (fruticultura.Udl.Es)

Fig. 4.3. De una yema 5 flores

Estos primordios, salvo inhibición de la inducción floral, se transformarán en flor en la primavera siguiente.

De los brotes vegetativos, nacen las hojas, por lo que en el siguiente capítulo, lo vamos a dedicar a conocerlas.

CAPÍTULO V

LAS HOJAS

En mi opinión, son posiblemente la parte más importante, e imprescindible en el desarrollo del ciclo anual del árbol.

Son caducas, de color verde oscuro bastante intenso por el haz (parte superior) y de color verde claro por el envés (parte inferior), con forma ovalada, los bordes dentados y con estípulas, están unidas al tronco o la rama, por el peciolo.

Fig. 5.1 Haz

Fig. 5.2 Envés

Sus funciones principales, son las de respiración, transpiración y autoalimentación, a través de la fotosíntesis.

Para que el árbol pueda tener una cosecha anual regular, y no entrar en vecería o alternancia, es necesario que haya una proporción de unas 30 o 40 hojas, por cada manzana, es evidente que este dato debemos tomarlo como una aproximación, no como algo exacto. No obstante lo veremos más claro, cuando más adelante tratemos el tema de la inhibición de la inducción floral.

La respiración sirve para captar el oxígeno del aire, quemar los hidratos de carbono y generar la energía necesaria, para las funciones de crecimiento.

La transpiración, es el sistema de termorregulación que emplea el árbol, para liberar agua, a través de los estomas o poros de las hojas.

Si la temperatura ambiental se elevara en exceso, superior a los 25°C, las hojas comenzarían a cerrar los poros para evitar un exceso de pérdida de agua y disminuirá la función fotosintética, que vamos a ver a continuación.

La fotosíntesis o función clorofílica, es un proceso bioquímico que realizan todos los árboles, arbustos, matorrales, plantas etc. que tengan hoja verde.

Los animales y los humanos, necesitamos de otros animales y de los vegetales para nuestra alimentación y del oxígeno que desprenden las plantas para nuestra respiración.

Los vegetales, sin embargo, son seres autótrofos, es decir, son capaces de generar su propia comida, pero también necesitan el dióxido de carbono (CO2) que desprenden los animales para fabricar sus nutrientes.

En resumen, el mundo animal y el vegetal, son completamente distintos, no tienen ni una sola cosa en común, pero son complementarios y se necesitan mutuamente. Uno sin el otro, no podrían vivir.

Este comentario, es para que nos demos cuenta de lo imprescindible que son los árboles y en su conjunto el mundo vegetal, para nuestras vidas.

Para la función clorofílica o fotosíntesis se emplean órganos de las hojas, llamados cloroplastos, que tienen una pigmentación verde, llamada clorofila. Ayudan a las plantas a captar la energía solar y transformarla en energía química.

Las hojas absorben el gas carbónico (Dióxido de Carbono, CO2) del aire y lo transforman en Oxígeno y nutrientes como Nitrógeno, Calcio, Potasio, Magnesio etc.

Durante la noche, expulsarán el Oxígeno a la atmósfera para que nosotros podamos seguir respirando.

El resto de nutrientes y aprovechando la radiación solar del día, se integran con la savia bruta, convirtiéndola en savia elaborada, que comienza a descender por los conductos llamados Floemas, y va aportando estas vitaminas a las manzanas, y reservando una parte para almacenarla en la raíz, que servirá de alimento del árbol durante el letargo invernal.

Por este motivo, es muy importante que las manzanas no formen piños, que estén separadas y que entre las mismas haya varias hojas, de esta manera recibirán más y mejores nutrientes.

Llegado a este punto, reitero una vez más, un llamamiento a la conciencia y responsabilidad que tenemos todos, para que no haya más incendios y que no se queme ningún árbol más.

Debemos dejar de mirar para otro lado, y denunciar sin contemplaciones a pirómanos, o a los que hacen quemas incontroladas para beneficio propio y exigir a nuestros gobiernos políticas, que permitan la explotación controlada de los bosques y rentabilizarlos mediante producciones autóctonas. De esta manera se mantendrán limpios de matorral, más controlados, y será más difícil la propagación de incendios.

Permitir talas controladas, siempre y cuando se sustituyan por nuevas plantaciones de especies autóctonas, de esta manera evitaremos el envejecimiento y agotamiento fisiológico de nuestro bosques.

Y como había comentado en los capítulos anteriores, se generarían puestos de trabajo y economías de apoyo familiar que en combinación con labores agrícolas y ganaderas y con plantaciones de frutales ayudarían a la fijación de habitantes en núcleos rurales.

En el siguiente capítulo trataremos otra de las partes más importantes del árbol como es la FLOR, que lo mismo que las hojas, también brotan en primavera.

CAPÍTULOVI

LA FLOR

Junto con las hojas, es una de las partes más importantes del árbol, tal como había comentado en el capítulo anterior, ya que es el órgano de reproducción de la planta.

Fig. 6.1 La flor

Es de color blanco, bastante intenso, con tonos rosados.

Está conectada a la rama por el pedúnculo.

A continuación del pedúnculo, se forma el cáliz, que está rodeado de cinco sépalos que ocultan y protegen al órgano reproductor femenino.

En la parte superior del cáliz, se forma la corola, que está formada por cinco pétalos, que sirven de reclamo a los insectos polinizadores.

En el centro de la corola, se forman los estambres, que son unos filamentos que terminan en su parte superior en una especie de bolsa, antera, que en su interior contiene los granos o microesporas del polen.

La flor del MANZANO, es hermafrodita, por lo que contiene órganos sexuales masculinos y femeninos.

El conjunto de los estambres, se llama Androceo y constituye el órgano sexual masculino.

El Gineceo, es el órgano sexual femenino, que lo forma un pistilo, que es un conjunto formado por el estigma, estilo y el ovario.

El estigma, es la parte superior del estilo.

El estilo es un tubo de conexión entre el estigma y el ovario.

En primavera, desarrollada la flor, el color y el aroma de los pétalos, atraen a los insectos polinizadores, algunos, como la abeja de la miel, acuden a recoger néctar y polen.

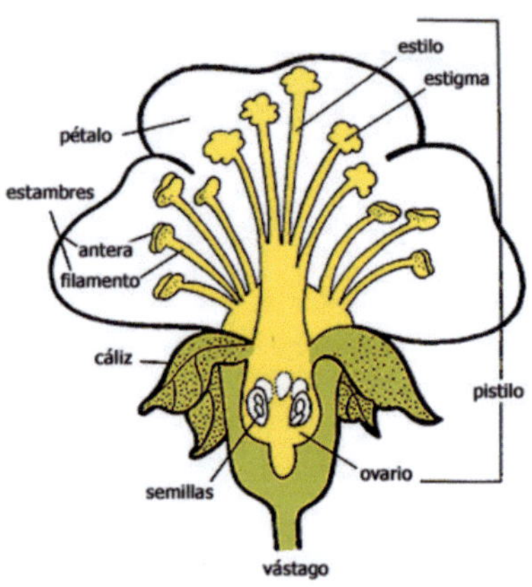

Fig. 6.2 Partes de la flor (extensión de la universidad de Illinois)

Al posarse sobre la flor rozan los pistilos, dejando granos de polen pegados al estigma, estos, bajan a través del estilo penetrando en el ovario a través de una apertura.

Los espermas de estos granos de polen, llegan a los óvulos que están en el interior del ovario.

Estos fertilizados por el polen, se convertirán en semillas (pepitas), el ovario se desarrollará convirtiéndose en la parte carnosa de la manzana, en su interior se formará el corazón, que es la parte dura y escamosa donde se alojan las semillas de la manzana.

Hemos visto como en primavera, atraídos por las corolas de las flores, acuden los insectos polinizadores.

Si no fuera por éllos, no habría polinización y por tanto no habría fruto, ni reproducción y significaría la extinción de la especie.

Vamos por tanto a tratar en el siguiente capítulo este tema, a nivel ecológico y posiblemente el más importante de todo el libro.

CAPÍTULO VII

LA POLINIZACIÓN

Un informe de la Plataforma Intergubernamental sobre Biodiversidad y Servicios de los Ecosistemas, encargado por las Naciones Unidas, realizado por 145 científicos en representación de 50 países, entre ellos España, han desarrollado más de 15.000 investigaciones.

Relatan que la emergencia climática, es solo una de las amenazas que se ciernen sobre la naturaleza.

La pérdida de biodiversidad es otra de las grandes amenazas.

Las zonas rurales podrían tener los días contados, si no se toman medidas para frenar las consecuencias del cambio climático y la desaparición de especies y cultivos.

De seguir con el ritmo actual de destrucción del medio ambiente y la sobreexplotación de los recursos, los frutales, y las abejas de la miel, dejarían de existir.

La desaparición de las abejas por el uso de pesticidas, especies invasoras destructivas como la avispa asiática Velutina y el abandono de la actividad agrícola por el despoblamiento rural, han supuesto la desaparición de millares de colmenas.

Es evidente que supone un riesgo tremendo en la polinización de las especies arbóreas .

El informe dice que el 84% de las 264 especies de cultivo y las 4.000 variedades vegetales de Europa, existen gracias a la polinización de las abejas.

También dice el informe que, alrededor de un millón de especies animales y vegetales pueden desaparecer del planeta en las próximas décadas.

El impacto sobre la economía es lo que se ha dado en llamar "LA SEXTA EXTINCION", sería incuantificable y cultivos por valor entre 235.000 y 577.000 millones de euros, están en riesgo por la desaparición de insectos.

También se refiere el informe a la contaminación del mar, a la muerte de especies marinas y a la sobrepesca, que pueden convertir los océanos en auténticos cementerios marinos.

La Nueva España 16.05.2019

Es evidente que los resultados resumidos, que acabo de transcribir de la noticia de un diario regional, nos tienen que hacer reflexionar.

Que la polinización es clave para la vida del planeta, ya se sabe desde tiempos inmemoriales.

Está claro que los gobiernos de todas las naciones, deberán asignar recursos y poner todos los medios humanos y materiales disponibles para frenar este deterioro.

¿Y nosotros?, ¿nos vamos a quedar así?, no esperemos que los demás lo solucionen, cuando deberíamos saber que formamos parte del problema.

En este capítulo, aportaré unas ideas muy sencillas, prácticas y de muy fácil ejecución, para ayudar a los polinizadores.

Podréis pensar que no aportarán nada, ya que son un minúsculo grano en un enorme granero, pero si la mayor parte de los que tenemos espacios cultivados, nos mentalizamos y ponemos en marcha estas pequeñas ideas, las trasmitimos a los demás y las llegamos a considerar como práctica habitual, los resultados obtenidos, sin duda, serán enormes.

Estamos tan acostumbrados a ver que a la llegada de la primavera, aparecen cantidad de insectos que polinizan las flores de nuestras plantas, nos parece algo muy normal y sencillo.

Nada más lejos de la realidad.

Tienen que intervenir muchos factores para que haya una buena polinización, y esto no es fácil, y más en los tiempos actuales, que con el cambio climático, el desconocimiento y la falta de profesionalidad en los mantenimientos de pumaradas se lo ponemos cada vez más difícil a los insectos.

También la climatología tiene una gran influencia, qué duda cabe, una primavera lluviosa o fría, hace que los polinizadores no salgan a trabajar.

Una fuerte helada, puede secar o quemar los estigmas de la flor, y por mucha polinización que haya después, no va a terminar cuajando el fruto.

Fig. 7.1 Abejorro polinizando

Y por supuesto, los propios condicionantes de la flor.

La del manzano, es autoestéril, o sea, no se poliniza a sí misma, necesita polen de otra flor.

Las flores del mismo MANZANO, tampoco se polinizan entre sí, necesitan polen de otro árbol.

Y vamos más allá, las flores de los árboles de la misma variedad de manzana, tampoco se polinizan entre sí, necesitan polen de otra variedad.

En resumen, esta flor, para poder polinizar, necesita polen, de otra flor, de otro árbol y de otra variedad.

Por lo que cuando vamos a plantar varios árboles, o una nueva pumarada, debemos de plantar variedades distintas, procurando que las que florecen más o menos al mismo tiempo, estén cerca unas de otras.

Fig. 7.2 Manzano en flor

Por ejemplo:

Si vamos a plantar seis filas de árboles en una pumarada la primera será de una variedad, la segunda que sea de otra distinta, pero que florezca al mismo tiempo que la primera. De esta manera tendremos polinización cruzada, y así en el resto de las filas.

También se pueden plantar dos filas de la misma variedad y otra distinta, pero teniendo siempre en cuenta que cuanto más cerca estén las diferentes variedades con floración al mismo tiempo, mejor polinización vamos a tener.

Fig. 7.3. Fila de manzano comenzando a florecer

Otra circunstancia muy importante que complica aún más la polinización del MANZANO, es el propio polen, que al ser muy pesado, no se sostiene en la atmósfera, por lo que se cae al suelo por su propio peso.

No es como el polen de otras plantas, como pueden ser las gramíneas, cuyo polen, aunque no lo apreciemos está en suspensión en el ambiente y una pequeña brisa lo mueve y lo deposita sobre la flores.

Este es el polen que suele producir las famosas alergias primaverales.

El polen del manzano, no lo mueve el aire tan fácilmente, necesita de agentes o insectos que no sólo polinicen, sino que también lo transporten.

Se estima que la polinización del MANZANO, depende en más del 95% de los insectos.

Afortunadamente, tenemos una colonia de polinizadores, de más de cien especies, aunque verdaderamente importantes, podemos quedarnos con tres o cuatro que son los que más van a polinizar, aunque todos son imprescindibles para la biodiversidad.

Entre los más importantes, tenemos a la abeja de la miel, el abejorro, la avispa común, sírfidos, moscas, mariposas, catarinas etc.

La abeja de la miel, es la que más abunda y por tanto es la que más poliniza.

Suele realizar entre 7 u 8 viajes por minuto a la flor, pero no siempre poliniza, de cada tres viajes, uno, no aterriza en la parte superior de la flor, sino que se pone de lado y lo que hace es recoger néctar.

Fig. 7.4 Polinizadores del manzano (Marcos Miñarro)

Es la más fiel, es decir, cuando encuentra una plantación con una flor que le gusta, no la abandona hasta que termine la floración.

Las flores que más le gustan, son principalmente: la flor de brezo, castaño y del manzano, sin embargo ,otras flores como la del arándano, por ejemplo, no les gustan nada.

En el momento de escribir este capítulo, me he puesto en contacto con algunas asociaciones de apicultores de Asturias y Galicia, y me han dado una buena noticia, afortunadamente el número de colmenas está aumentando, aunque no está tan claro que aumente el número de abejas, ésto a pesar del abandono de las zonas rurales, del uso de pesticidas y también de la avispa asiática Velutina, que causa estragos entre las colmenas.

Esta noticia tiene su parte buena, la que acabo de describir y otra parte mala.

Y es que el aumento de las colmenas viene dado porque muchos trabajadores en edades alrededor de los 50 años que han perdido su puesto de trabajo, con muy pocas o nulas posibilidades de formarse o reciclarse para otros oficios, se ven obligados a buscar alternativas con el fin de conseguir ingresos que les permitan llegar a la edad de jubilación.

Una de estas alternativas es dedicarse a la producción de miel, para ello, suelen utilizar parcelas en zonas rurales, bien sean propias o de familiares, para el asentamiento de las colmenas.

Al menos en Galicia esta circunstancia, parece ser que es bastante habitual, en Asturias alguna asociación también me ha hecho este mismo comentario.

En Galicia, llegada la época de floración de los frutales, muchos de estos productores de miel, alquilan sus colmenas y las instalan en las plantaciones durante la floración, para favorecer la polinización.

Sin duda, es muy buena práctica y buena idea para emprendedores.

Había comentado en la introducción, que con el cambio climático llegaban especies invasoras dominantes, que acaban con especies autóctonas, es el caso de la avispa asiática VELUTINA, una depredadora, que mata a las abejas para quedarse con su comida.

Fig. 7.5 Diferencia entre la velutina y otros insectos (sergal.es)

No soy ningún experto sobre este tema, pero acudí a varias charlas y he consultado a profesionales, por lo que me voy a permitir dejar algunas pinceladas que nos pueden ser muy útiles.

La Velutina, llega por primera vez a Europa, por el sur de Francia, de ahí llega al País Vasco, Navarra y Galicia, expandiéndose también por Asturias. Ahora comienzan a verse también nidos por otras regiones.

Ante el desconocimiento que se tenía sobre este insecto, ni Francia, ni el País vasco, ni Navarra, ni Galicia, ni Asturias han hecho las cosas bien, han copiado los sistemas unos de otros y no han conseguido evitar la propagación de la misma.

De tal manera que ya se ha admitido que erradicar este insecto, es totalmente imposible.

La climatología y la abundancia de agua, hacen que estas zonas sean un auténtico paraíso para esta especie, que ha llegado para quedarse.

Tenemos por tanto, que acostumbrarnos a convivir con ella.

Pero de qué manera, porque no nos aporta nada bueno, como no sea que sirva de alimento para algún tipo de ave.

Destaco el alarmismo sembrado a través de los medios de comunicación, (Avispa ASESINA) la suelen llamar. Éstos calificativos no conduce absolutamente a nada.

Hoy, podemos decir que no es tan agresiva como nos la pintan, parece ser que hay que molestarla y bastante para que nos ataque.

Avispones que conviven con nosotros desde siempre, posiblemente sean más agresivos.

Se habla mucho de trampear nuestras plantaciones, con trampas caseras. A través de las redes sociales, han aparecido cientos de fórmulas y vídeos con instrucciones para la elaboración e instalación de este tipo de trampas.

Son muy necesarias y bastante eficaces, cazan cientos de reinas, que ya no van a formar un nuevo nido, pero, debemos hacerlo con mucho sentido común.

Las trampas hay que colocarlas en primavera, más o menos desde Marzo hasta Junio y en el otoño, de Septiembre a Noviembre. Pero no debemos hacerlo hasta que tengamos la seguridad de que en nuestro entorno, en un radio más o menos de uno o dos kilómetro, hay algún nido.

Y ¿cómo sabemos si lo hay? Sencillamente cuando veamos una avispa por nuestra zona, como no suelen desplazarse a mucha distancia, significa que tenemos un nido bastante cerca.

En ese momento podemos trampear.

Por qué no lo hacemos antes, muy sencillo. Las trampas en su contenido, llevan alcohol y las abejas no van a caer en la trampa, ya que el alcohol es un repelente para ellas, por lo que no van a entrar. Pero lo abejorros, moscas, mariposas etc., sí, por tanto, trampear sin necesidad, lo que vamos a hacer es eliminar especies que deberíamos proteger.

Quien de verdad debe adaptarse a convivir con esta especie y a saber defenderse de ellas, son las ABEJAS DE LA MIEL.

En China y Japón, hace cientos de años que conviven, y en nuestra comunidad, con el paso de los años, también lo van a hacer.

Las abejas son muy listas y poco a poco irán conociendo a la Velutina, aprenderán mecanismos o tácticas de defensa y éllas mismas serán las auténticas reguladoras que frenen su crecimiento.

De cualquier manera habrán de pasar mucho años para que la abejas adopten y desarrollen tácticas de defensa y puedan legar a controlarla, por lo que tenemos la obligación de aportar todos nuestros conocimientos y ayudar en lo posible a la abejas, para que éste plazo de tiempo, se reduzca lo más posible. (NO PODEMOS DEJARLAS SOLAS)

Un consejo muy interesante para los productores de miel.

Es fácil que veáis Velutinas merodeando alrededor de vuestras colmenas, intentar cazar alguna viva, con un cazamariposas o con cualquier otra cosa que se os ocurra, sujetarla con una pinza para evitar el picotazo, pero sin matarla. Cortarle las alas y la antenas, y colocarla en la piquera de la colmena.

Las abejas la observarán, jugarán con ella, llevarán algún picotazo, pero al final la matarán, y seguro que lo harán en grupo, colocándose encima de ella, frotándola con el abdomen para darle calor.

Las Velutinas por encima de los 45ºC se mueren.

De esta manera las estamos acostumbrando a defenderse y ellas mismas irán desarrollando sus tácticas de defensa.

A la Velutina, las manzanas y sobre todo las higueras, les encantan, por lo que en caso de tener que trampear, se puede hacer con una trampa de elaboración casera, que podría ser de la siguiente forma.

En una botella de agua de 1,5 litros, hacer dos agujeros enfrentados en la mitad superior de la botella, con un diámetro para que penetre lo más justo posible el vocal de otras dos botellas de 50 cl., cortadas a modo de embudo.

En el tapón de éstos embudos, hacer tres agujeros de 9 mm., por ellos penetran las Velutinas, pero no los abejorros, que son más grandes.

Para difuminar el olor del caldo, cerca del cuello, hacer varios agujeros de 6,5 mm., y también hacia la mitad de la botella. Introducir por ellos dos o tres bridas, que lleguen hasta el fondo y que servirán de escalera de salida para avispas y moscas que pueden salvarse por éstos agujeros.

Para evitar que entre agua, hacer una especie de tapa, cortando otra botella y por el tapón, hacer un agujero para meterla por la cuerda que nos sirve para colgarla, de esta manera podemos ajustar la tapa sobre la botella para que tape los agujeros del cuello, en caso de lluvia.

En la botella de 1,5 litros, vamos a introducir unos 400 o 500 ml. del siguiente preparado:

Fig. 7.6 Trampa en disposición de ser utilizada

- 40% de cerveza negra (Unos 160 ó 200 ml.)
- 40% de vino blanco, también unos 160 ó 200 ml.)
- 20% de zumo de frutos rojos, muy bueno el arándano (Unos 80 o 100 ml.).

También se puede añadir algo de cera de abeja, pero no es imprescindible.

Taponamos la botella y la vamos a colgar de una rama a 1,50 metros del suelo, aproximadamente.

Este líquido debemos cambiarlo al menos cada 8 ó 10 días y también deberíamos cambiar de sitio la trampa.

Seguro que en poco tiempo veréis como caen en el interior Velutinas, que ya no van a hacer ningún nido.

Había comentado que la abeja de la miel, es la que más poliniza, porque es la que más abunda, y esto es así, porque si la comparamos individualmente, el mejor polinizador, sin duda alguna, es el abejorro.

A pesar de su tamaño, tiene un vuelo muy ágil y es capaz de realizar entorno a los 15 viajes por minuto a la flor, y siempre aterriza por la parte superior, no recoge néctar, por tanto poliniza siempre.

No es tan fiel como la abeja, éste, cambia constantemente a flores distintas, de otro tipo de plantas, flores de la pradera etc.

El gran problema del abejorro, es que prácticamente está en período de extinción, al menos en la zona centro de Asturias, se ven muy pocos, aunque este año, parece que han aumentado, al menos, se han visto bastantes más que otros años.

Algunos países, como EE.UU. e Inglaterra, a sabiendas de que es el mejor polinizador que existe, ya están aplicando planes para la conservación de esta especie.

El resto de polinizadores, moscas, sírfidos etc. acuden a la flor a recoger néctar más que a polinizar, pero también forman parte de la fauna útil.

Ya veis, que en cuanto tengo oportunidad, aprovecho para insistir una vez más, en la responsabilidad que tenemos todos con el medio ambiente, y no me cansaré de repetirlo e insistiré, con la esperanza de que dejemos de mirar para otro lado y nos pongamos manos a la obra, cada uno, dentro de sus posibilidades, para ayudar y proteger al medio natural.

Tal como os había comentado al principio del capítulo, explicaré unas pautas que todos los que tenemos una pumarada, sea pequeña o grande, podemos poner en práctica, sin mucho esfuerzo y prácticamente a coste cero.

En primer lugar, el uso de pesticidas.

Es muy importante que tengamos todos el CARNET DE MANIPULADOR DE PRODUCTOS FITOSANITARIOS, cuanto más nivel, mejor. Pero bueno, con el nivel básico, al menos podemos hacer una labor un poco más profesional.

Se aprende a distinguir las enfermedades, los tratamientos, el nivel de peligrosidad, las dosis etc.

Este tema, lo trataremos más a fondo en el capítulo, dedicado a los productos fitosanitarios.

No obstante, comentaré cómo se puede actuar si en plena floración en primavera, nos encontramos sobre todo en árboles jóvenes, que todavía tienen brotes muy débiles, con ataques de Pulgón Ceniciento, que en mi opinión es el peor de todos. Este, es el que chupa las savia de las hojas, éstas se enroscan, dejan de hacer la fotosíntesis, por lo que afecta tanto, al crecimiento del árbol, a la propia raíz y al tamaño del fruto, en el caso de que esté en producción.

Suele aparecer en torno al mes de Abril, y se propaga muy rápidamente, un día vemos cuatro pulgones en unas hojas, y al día siguiente tenemos al árbol totalmente infestado.

En árboles adultos, salvo, que sea un ataque muy fuerte, no prestaría mucha atención, va a afectar a la punta de las ramas, donde están los brotes débiles de crecimiento, al resto del árbol no le va a pasar nada, va a seguir haciendo la fotosíntesis, y únicamente puede llegar a afectar al crecimiento de alguna rama.

En caso de árboles jóvenes, en pleno crecimiento, aquí sí es necesario intervenir, pero, este tema es sumamente tan importante, que tenemos que tener las ideas clarísimas y no nos salir de la norma bajo ningún concepto.

En primer lugar, cuando vayamos a la tienda a comprar el producto adecuado, seguro, que nos van a querer vender un producto de "AMPLIO ESPECTRO", debemos RECHAZARLO categóricamente, éste tipo de productos, evidentemente van a eliminar el pulgón, pero también toda la biodiversidad, abejas, abejorros, moscas, mariposas y catarinas, etc. Es decir, todo lo que existe alrededor.

Los hay que son auténticos devoradores de pulgón, por ejemplo, la catarina o mariquita, como se la suele llamar.

Fig. 7.7 Mariquita devorando un pulgón (ecured.cu)

No se puede actuar tan alegremente y acabar con todos estos insectos, esto hará que al año siguiente, al haber eliminado los depredadores naturales, la plaga se multiplique y tengamos un ataque muchísimo más fuerte y más difícil de controlar.

Debemos exigir a la tienda que nos venta un producto "ESPECÍFICO", es decir, que sólo elimine pulgones.

Adelantándome al capítulo de fitosanitarios, puedo dar una marca comercial bastante interesante, "APHOX", en caso de que tengamos un ataque de pulgón muy fuerte.

En caso de que la plaga esté empezando, podemos utilizar un producto ecológico, por ejemplo, JABON POTÁSICO, que aplicándolo cada cinco o seis días, se puede llegar a controlar.

Siempre que utilicemos productos fitosanitarios, debemos aplicarlos siempre, a primera hora de la mañana o a última hora de la tarde, de esta manera, muchos de los insectos que tenemos que proteger, estarán en sus colmenas o nidos y se verán menos afectados.

Este tema de los tratamientos con pesticidas, debemos de tomarlo muy en serio.

Nos estaremos haciendo un flaco favor a nosotros mismos, si los vamos a usar de una manera indiscriminada.

Sabemos que estamos eliminando muchísimos insectos imprescindibles para la vida de los vegetales, y algún día nos terminará afectando también a nosotros. ¡¡PENSARLO!!.

Independientemente del uso de pesticidas, además podemos utilizar más medios para ayudar a los polinizadores.

Cosas muy sencillas y naturales, por ejemplo:

Una pumarada es necesario tenerla limpia, segada, con la hierba lo más corta posible, de esta manera, le complicamos un poco la vida a las plagas de mamíferos, como ratón, topo, topillo etc.

Éstos roedores se suelen desplazar de un sitio a otro por la superficie, y con la hierba corta son presa fácil de las aves rapaces.

Pero, la hierba en primavera tiene un crecimiento muy rápido, por lo que para tener la pumarada en óptimas condiciones, hay que segar al menos cada quince días.

Y aquí tenemos un pequeño problema, al segar, eliminamos las miles de flores de la pradera que son un auténtico reclamo para los insectos polinizadores.

Un pequeño problema, porque tiene muy fácil solución, como vamos a ver.

A la hora de segar, en cada calle que tenemos entre filas de árboles, podemos dejar una especie de surco de 80 ó 100 cm. de ancho a todo lo largo de la calle. Dejando estos surcos en todas las calles, creamos bastantes espacios con flores.

Fig. 7.8 Surco con flores

En la siguiente quincena, cuando volvamos a segar, segamos ese surco y dejamos otro al lado, es decir, vamos alternando, para tener siempre espacios florecidos.

Es algo que no nos cuesta nada y a los insectos les va a fovorecer. No os podéis imaginar lo bonita que queda la pumarada con éstos espacios con flores.

¿Qué más podemos hacer? Pues habilitar espacios para que los insectos puedan anidar protegidos de otros depredadores.

Por ejemplo, HOTELES para insectos.

Fig. 7.9 Hotel para insectos

El que vemos en la foto, se ha construido aprovechando restos de materiales.

Las patas son trozos de estacas, unas tablas clavadas encima, para que hagan de base, dos bloques normales de hormigón y unas tejas, para que los bloques no cojan tanta humedad y al mismo tiempo que les dé calor con el sol.

En los huecos de los bloques, se han introducido unos tacos de madera agujereados, con un diámetro de 10/15 mm.

Finalmente se ha puesto un trozo de malla plastificada para evitar que los pájaros, gallinas u ocas que a veces hay en las pumaradas, puedan atacar los nidos.

Los abejorros, habitualmente suelen anidar en el suelo, haciendo un agujero donde depositan sus huevos y lo tapan con cera, quedan bastante desprotegidos, ya que son pasto de aves, gallinas, ocas etc. y también de los herbicidas que desgraciadamente cada vez se utilizan más en el cuidado de las pumaradas.

Fig. 7.10 Cueva de abejorro

Suelen buscar también espacios un poco más protegidos, huecos debajo de tejas etc.No son muy prolíficos, suelen poner muy pocos huevos, y son muy cambiantes, cambian el nido de lugar todos los años.

Este tipo de hoteles, les vienen muy bien, y teniendo en cuenta el comentario anterior, hay que tener la precaución de cambiarlos de sitio, al menos cada dos años.

Vamos que, con tan poca cosa, cuánta ayuda prestamos a estos insectos que son tan imprescindibles para las plantas.

Ni siquiera nos ha costado, ni tiempo, ni dinero. Solo es querer, poner un poco de imaginación, y enterarse, hay asociaciones y expertos encantados de facilitar información.

Cualquier cosa, menos quedarnos de brazos cruzados como si no fuera con nosotros.

De las partes del MANZANO, solo nos queda por conocer los órganos a ramas productivas. Capítulo muy interesante que veremos a continuación.

CAPÍTULO VIII

RAMAS U ÓRGANOS PRODUCTIVOS

Cuando observamos un MANZANO en producción, vemos que tiene manzanas repartidas por toda la copa, por lo que es lógico pensar que se producen en cualquier parte del árbol.

Pues bien, no es exactamente así, el MANZANO, sólo produce en tres tipos de rama, son los llamados ramas u órganos productivos, lo que ocurre es que éstos se distribuyen por las ramas principales o secundarias y por toda la copa, por eso nos da la impresión de que se producen en cualquier parte.

Al inicio del libro, os había comentado, que tenemos que aprender a mirar al árbol, a fijarnos en todos los detalles, cómo se van desarrollando las yemas, cómo tiene las hojas, la intensidad del color de las flores, la distribución de ramas productivas, distribución de los puntos de fructificación en las ramas. Este punto lo veremos con más detalle en el capítulo dedicado a la poda y por supuesto, con el árbol en producción, fijarse bien donde cuelgan las manzanas, veréis que siempre están sujetas a los mismos tipos de ramas, tal como os había indicado, son las ramas u órganos productivos.

Fig. 8.1 Dardo

Principalmente son tres, a saber:

El Dardo:

Esta es una rama pequeña, de aproximadamente 3 ó 4 cm. que suele ser puntiaguda y siempre suele tener una yema de flor.

La Brindilla Coronada:

Esta es una rama delgada, muy flexible, que suele medir de 15 a 20 cm. aproximadamente, e igual que la anterior termina en una yema de flor.

Fig. 8.2 Brindilla coronada

Fig. 8.3 Lamburdas brotando

La Lamburda:

Esta rama es parecida a un dardo, en su base produce un engrosamiento, al acumular sustancia de reserva, suelen reunirse formando bolsas de fruta, por lo que adquieren formas indefinidas, están más pegadas a la madera, siempre tiene yemas de flor, y se distingue muy fácilmente, ya que tiene un gran parecido a los percebes.

No sabría decir si en función de la variedad de manzana, el árbol, produce más en una rama o en otra.

Por propia experiencia, os puedo informar, que en un árbol de manzana de mesa, Reineta Roja del Canadá, en la última cosecha, el 90% estaba en brindillas coronadas.

Sin embargo en unos árboles de manzana de sidra, variedad Regona, la mayor parte estaba en Lamburdas.

Pienso que esta variedad de Regona, cuanto más adulto se va haciendo el árbol, más aumenta la producción en Lamburdas, al menos es lo que observo, ya que estos árboles que os he comentado, tienen unos 25 años, y son Semi-intensivos, por lo que podemos decir que ya son árboles viejos y están llenos de este tipo de rama.

Así pues, prácticamente ya conocemos todas las partes del árbol, y alguna característica como la polinización.

Más adelante, cuando tratemos el tema de la vecería o alternancia, conoceremos otra característica muy interesante, como es la inhibición de la inducción floral.

Como en términos generales, ya tenemos un conocimiento del MANZANO, podemos pensar en plantar algún árbol o una pumarada.

Pero antes, vamos a hablar sobre la manzana, con el fin de tener una idea clara de las variedades que os gustaría plantar.

Ya anteriormente había dado unos detalles sobre las propiedades de la misma, pero en el siguiente capítulo vamos a dar a conocer distintas variedades, tanto de mesa como de sidra, así tendréis varias opciones donde elegir.

CAPÍTULO IX
LA MANZANA

"Para una vida sana, todos los días una manzana"

"Una manzana al día, del médico te alejaría"

Ésta es la gran riqueza del refranero español.

Estos dos refranes, son una muestra de los muchos que hay referentes a la manzana.

Y podríamos decir que no van muy descaminados en cuanto a un consumo que nos haga disfrutar de una vida saludable.

Aparte de las vitaminas que contiene la manzana, tal como hemos descrito en capítulos anteriores, también es muy rica en ACIDO MÁLICO, que frena el envejecimiento de nuestras células corporales, conocido como ácido de la eterna juventud, ya que se emplea en la elaboración de productos de cosmética para aplicar sobre la piel, que hacen que aumente la suavidad de la misma y frene la aparición de las famosas arrugas.

Se encuentra en muchos vegetales y frutas con cierto sabor agrio o ácido, en las manzanas principalmente, y sobre todo en las de color verde.

No hace falta decir, que para estar eternamente jóvenes, nos vamos a atiborrar de manzanas. Esto sí que sería un problema, ya que aparte de las vitaminas, ácido málico etc. también contienen azúcares, por lo que no debemos abusar de su consumo.

Una o dos manzanas al día, principalmente al desayuno o al almuerzo, evitando en lo posible ingerirlas en la cena, sería una dieta muy equilibrada y beneficiosa.

En este capítulo vamos a conocer unas cuantas variedades de manzana de mesa, de distintas zonas manzaneras y también las variedades de manzana de sidra homologadas por el Consejo Regulador de Denominación de Origen Protegida de Asturias.

MANZANAS DE MESA

VARIEDAD	GRUPO TECNOLÓGICO	SEMANA MADUR.	FOTO
BRAEBURN	DULCE/ÁCIDA	2ª OCT.	Fig. 9.1 - FUENTE- BIOSUEDTIROL
CARAPANÓN	DULCE/ALGO AMARGA	1ª SEP.	Fig. 9.2 - FUENTE- EL SERIDA
ESPERIEGA	DULCE	1ª SEP.	Fig. 9.3 - FUENTE- VIVEROS CANDAMO
FLORINA	DULCE	1ª OCT.	Fig. 9.4 - FUENTE- ECOASTUR
FUJI	DULCE	1ª OCT.	Fig. 9.5 - FUENTE- BIOSUEDTIROL
GALA	DULCE	1ª SEP.	Fig. 9.6 - FUENTE- BIOSUEDTIROL
GOLDEN	DULCE	2ª OCT.	Fig. 9.7 - FUENTE- VIVEROS CANDAMO
GRANNY SMITH	DULCE/ÁCIDA	1ª OCT.	Fig. 9.8 - FUENTE-BIOSUEDTIROL
JONA GOLD	DULCE/ÁCIDA	1ª OCT.	Fig. 9.9 - FUENTE- IRTA
MINGÁN	DULCE	1ª NOV.	Fig. 9.10 - FUENTE- ARVIPLANT
REINETA PANERA	DULCE/ACIDULADA	1ª NOV.	Fig. 9.11 - FUENTE- FERIVO
RED DELICIOUS	DULCE/ÁCIDA	1ª SEP.	Fig. 9.12 - FUENTE- BIOSUEDTIROL
REINETA BLANCA	DULCE/ÁCIDA	1ª OCT.	Fig. 9.13 - FUENTE- VIVEROS CANDAMO
REINETA ENCARNADA	DULCE/ÁCIDA	1ª NOV.	Fig. 9.14 - FUENTE- VIVEROS CANDAMO
REINETA ROJA	DULCE/ÁCIDA	1ª OCT.	Fig. 9.15 - FUENTE- VIVEROS CANDAMO
SANGRE DE TORO	ÁCIDA	2ª OCT.	Fig. 9.16 - FUENTE- REVISTA BEMBO
STORY	DULCE	1ª SEP.	Fig. 9.17 - FUENTE- BIOSUEDTIROL
XOSE ANTÓN	SEMI DULCE	1ª OCT.	Fig. 9.18 - FUENTE- REVISTA BEMBO

Fig. 9.1. Braeburn

Fig. 9.2. Carapanón

Fig. 9.3. Esperiega

Fig. 9.4. Florina

Fig. 9.5. Fuji

Fig. 9.6. Gala

Fig. 9.7. Golden

Fig. 9.8. Granny Smith

Fig. 9.9. Jona Gold

Fig. 9.10. Mingán

Fig. 9.11. Reineta Panera

Fig. 9.12. Red Delicious

Fig. 9.13. Reineta blanca

Fig. 9.14. Reineta encarnada

Fig. 9.15. Reineta roja

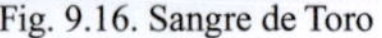
Fig. 9.16. Sangre de Toro

Fig. 9.17. Story

Fig. 9.18. Xose Antón

La fecha de maduración, se debe tomar como una referencia, ya que depende mucho de la zona donde se ubique la plantación. En zona costera, suelen madurar un poco antes que en zonas de interior, donde hay una temperatura un poco más baja.

También influye la situación de la plantación, no es lo mismo una pumarada orientada hacia el sur, que hacia el norte, donde van a recibir menos sol.

Incluso en el mismo árbol, no maduran igual las manzanas que dan al sur, que las que dan al norte.

El sol tiene mucha influencia.

Estas mismas consideraciones, también las tendremos en cuenta para la manzana de sidra, que vamos a conocer a continuación.

En Abril del 2003, se pone en marcha en Asturias D.O.P. SIDRA DE ASTURIAS, con una selección de 22 variedades de manzana.

En Julio de 2017, se publica la inclusión de otras 54 variedades, de las cuales, 25 fueron a propuesta del SERIDA y otras 19 a propuesta del sector.

Hemos ordenado las 76 variedades por orden alfabético, con información de su grupo tecnológico y su fecha de maduración.

De acuerdo con los datos aportados por el SERIDA.

MANZANAS DE SIDRA

VARIEDAD	GRUPO TECNOLOGICO	SEMANA MADUR.	FOTO
AMARIEGA	AMARGO	3ª OCT	Fig.9.19 - FUENTE EL SERIDA
ANTONONA	SEMIÁCIDO	1ª NOV	Fig. 9.20 - FUENTE EL SERIDA
ARBEYA	ÁCIDO AMARGO	3ª OCT	Fig. 9.21 - FUENTE EL SERIDA
BELDREDO	ÁCIDO AMARGO	1ª NOV	Fig. 9.22 . FUENTE EL SERIDA
BLANQUINA	ÁCIDO	2ª OCT	Fig. 9.23 - FUENTE EL SERIDA
CARRANDONA	ÁCIDO	2ª NOV	Fig. 9.24 - FUENTE EL SERIDA
CARRIO	SEMIÁCIDO	2ª NOV	Fig. 9.25 - FUENTE EL SERIDA
CELSO	SEMIACIDO	1ª OCT	Fig. 9.26 - FUENTE EL SERIDA

VARIEDAD	GRUPO TECNOLOGICO	SEMANA MADUR.	FOTO
CLADURINA	AMARGO	2ª NOV	Fig. 9.27 - FUENTE EL SERIDA
CLADURINA AMARGO/ ÁCIDA	AMARGO ÁCIDA	1ª NOV	Fig. 9.28 - FUENTE EL SERIDA
CLARA	AMARGO	2ª OCT	Fig. 9.29 - FUENTE EL SERIDA
COLORA AMARGA	AMARGO SEMIÁCIDO	2ª OCT	Fig. 9.30 - FUENTE EL SERIDA
COLORADONA	DULCE AMARGO	2ª OCT	Fig. 9.31 - FUENTE EL SERIDA
COLLAINA	ÁCIDO	2ª NOV	Fig. 9.32 - FUENTE EL SERIDA
COLLAOS	ÁCIDO	1ª NOV	Fig. 9.33 - FUENTE EL SERIDA
CORCHU	SEMIÁC. AMARGO	2ª NOV	Fig. 9.34 - FUENTE EL SERIDA
CRISTALINA	DULCE	3ª NOV	Fig. 9.35 - FUENTE EL SERIDA
CHATA BLANCA	DULCE	1ª NOV	Fig. 9.36 - FUENTE EL SERIDA
CHATA ENCARNADA	SEMIÁC. AMARGO	1ª NOV	Fig. 9.37 - FUENTE EL SERIDA
DE LA RIEGA	SEMIÁCIDO	1ª NOV	Fig. 9.38 - FUENTE EL SERIDA
DURA	DULCE	1ª OCT	Fig. 9.39 - FUENTE EL SERIDA
DURCOLORA	AMARGO SEMIÁCIDO	2ª OCT	Fig. 9.40 - FUENTE EL SERIDA
DURÓN D'ARROES	SEMIÁCIDO	2ª DIC	Fig. 9.41 - FUENTE EL SERIDA
DURÓN ENCARNADO	ÁCIDO	2ª NOV	Fig. 9.42 - FUENTE EL SERIDA
DURONA DE TRESALI	SEMIÁCIDO	1ª DIC	Fig. 9.43 - FUENTE EL SERIDA
ERNESTINA	DULCE	2ª OCT	Fig. 9.44 - FUENTE EL SERIDA
FRESNOSA	ÁCIDO	2ª NOV	Fig. 9.45 - FUENTE EL SERIDA
FUENTES	ÁCIDO	2ª NOV	Fig. 9.46 - FUENTE EL SERIDA
JOSEFA	ÁCIDO	2ª NOV	Fig. 9.47 - FUENTE EL SERIDA
LIMÓN MONTES	ÁCIDO	2ª NOV	Fig. 9.48 - FUENTE EL SERIDA
LIN	AMARGO ÁCIDO	2ª NOV	Fig. 9.49 - FUENTE EL SERIDA
MADIEDO	AMARGO ÁCIDO	1ª NOV	Fig. 9.50 - FUENTE EL SERIDA
MARIA ELENA	SEMIÁCIDO	2ª OCT	Fig. 9.51 - FUENTE EL SERIDA
MARIÑANA	SEMIÁCIDO	2ª OCT	Fig. 9.52 - FUENTE EL SERIDA
MARTINA	ÁCIDO AMARGO	2ª SEPT	Fig. 9.53 - FUENTE EL SERIDA
MEANA	AMARGO ÁCIDO	3ª OCT	Fig. 9.54 - FUENTE EL SERIDA
MIYERES	SEMIÁCIDO	1ª NOV	Fig. 9.55 - FUENTE EL SERIDA
MONTES DE FLOR	DULCE	1ª NOV	Fig. 9.56 - FUENTE EL SERIDA
MONTES DE LA LLAMERA	AMARGO SEMIÁCIDO	2ª OCT	Fig. 9.57 - FUENTE EL SERIDA
MONTOTO	ÁCIDO AMARGO	1ª NOV	Fig. 9.58 - FUENTE EL SERIDA
PANQUERINA	SEMIACIDO	2ª OCT	Fig. 9.59 - FUENTE EL SERIDA
PARAGUAS	DULCE	3ª NOV	Fig. 9.60 - FUENTE EL SERIDA

VARIEDAD	GRUPO TECNOLOGICO	SEMANA MADUR.	FOTO
PEÑARUDES	ACIDO	2ª NOV	Fig. 9.61 - FUENTE EL SERIDA
PEREZOSA	SEMIÁCIDO	1ª NOV	Fig. 9.62 - FUENTE EL SERIDA
PERICO	SEMIÁCIDO	2ª NOV	Fig. 9.63 - FUENTE EL SERIDA
PERURICO	ÁCIDO	2ª NOV	Fig. 9.64 - FUENTE EL SERIDA
PERURICO PRECOZ	ÁCIDO	2ª NOV	Fig. 9.65 - FUENTE EL SERIDA
PERRACABIELLA	ÁCIDO	1ª OCT	Fig. 9.66 - FUENTE EL SERIDA
PICÓN	ÁCIDO AMARGO	3ª NOV	Fig. 9.67 - FUENTE EL SERIDA
PRIETA	ÁCIDO	3ª NOV	Fig. 9.68 - FUENTE EL SERIDA
RAXAO	ÁCIDO	1ª NOV	Fig. 9.69 - FUENTE EL SERIDA
RAXAREGA	DULCE AMARGO	1ª NOV	Fig. 9.70 - FUENTE EL SERIDA
RAXILA ÁCIDA	ÁCIDO	1ª OCT	Fig. 9.71 - FUENTE EL SERIDA
RAXILA DULCE	DULCE	1ª OCT	Fig. 9.72 - FUENTE EL SERIDA
RAXILA RAYADA	SEMIÁCIDO	2ª OCT	Fig. 9.73 - FUENTE EL SERIDA
RAXINA ÁCIDA	ÁCIDO	1ª NOV	Fig. 9.74 - FUENTE EL SERIDA
RAXINA AMARGA	DULCE AMARGO	3ª OCT	Fig. 9.75 - FUENTE EL SERIDA
RAXINA DULCE	DULCE	1ª NOV	Fig. 9.76 - FUENTE EL SERIDA
RAXINA MARELO	ÁCIDO	2ª OCT	Fig. 9.77 - FUENTE EL SERIDA
RAXONA ÁCIDA	ÁCIDO	2ª NOV	Fig. 9.78 - FUENTE EL SERIDA
RAXONA DULCE	DULCE	3ª OCT	Fig. 9.79 - FUENTE EL SERIDA
REGONA	ÁCIDO	2ª NOV	Fig. 9.80 - FUENTE EL SERIDA
REINETA CARAVIA	ÁCIDO	2ª NOV	Fig. 9.81 - FUENTE EL SERIDA
REINETA ENCARNA	ÁCIDO	3ª NOV	Fig. 9.82 - FUENTE EL SERIDA
REINETA PINTA	SEMIÁCIDO	2ª NOV	Fig. 9.83 - FUENTE EL SERIDA
REPINALDO CARAVIA	SEMIÁCIDO	3ª OCT	Fig. 9.84 - FUENTE EL SERIDA
REPINALDO HUESO	ÁCIDO	1ª NOV	Fig. 9.85 - FUENTE EL SERIDA
ROSADONA	AMARGO ÁCIDO	3ª OCT	Fig. 9.86 - FUENTE EL SERIDA
SAN JUSTO	ÁCIDO	3ª OCT	Fig. 9.87 - FUENTE EL SERIDA
SAN ROQUEÑA	ÁCIDO	3ª OCT	Fig. 9.88 - FUENTE EL SERIDA
SOLARINA	SEMIÁCIDO	3ª OCT	Fig. 9.89 - FUENTE EL SERIDA
SUCU	ÁCIDO	3ª NOV	Fig. 9.90 - FUENTE EL SERIDA
TEÓRICA	ÁCIDO	3ª OCT	Fig. 9.91 - FUENTE EL SERIDA
VERDIALONA	DULCE	2ª NOV	Fig. 9.92 - FUENTE EL SERIDA
VERDOSA	DULCE	2ª NOV	Fig. 9.93 - FUENTE EL SERIDA
XUANINA	ÁCIDO	3ª OCT	Fig. 9.94 - FUENTE EL SERIDA

Fig. 9.19. Amariega

Fig. 9.20. Antonona

Fig. 9.21. Arbeya

Fig. 9.22. Beldredo

Fig. 9.23. Blanquina

Fig. 9.24. Carrandona

Fig. 9.25. Carrio

Fig. 9.26. Celso

Fig. 9.27. Cladurina

Fig. 9.28. Cladurina amargo/ácida

Fig. 9.29. Clara

Fig. 9.30. Colora amarga

Fig. 9.31. Coloradona

Fig. 9.32. Collaina

Fig. 9.33. Collaos

Fig. 9.34. Corchu

Fig. 9.35. Cristalina

Fig. 9.36. Chata blanca

Fig. 9.37. Chata encarnada

Fig. 9.38. De la Riega

Fig. 9.39. Dura

Fig. 9.40. Durcolora

Fig. 9.41. Durón d'Arroes

Fig. 9.42. Durón encarnado

Fig. 9.43. Durona de Tresali

Fig. 9.44. Ernestina

Fig. 9.45. Fresnosa

Fig. 9.46. Fuentes

Fig. 9.47. Josefa

Fig. 9.48. Limón montes

Fig. 9.49. Lin

Fig. 9.50. Madiedo

Fig. 9.51. Maria elena

Fig. 9.52. Mariñana

Fig. 9.53. Martina

Fig. 9.54. Meana

Fig. 9.55. Miyeres

Fig. 9.56. Montes de Flor

Fig. 9.57. Montes de la Llamera

Fig. 9.58. Montoto

Fig. 9.59. Panquerina

Fig. 9.60. Paraguas

Fig. 9.61. Peñarudes

Fig. 9.62. Perezosa

Fig. 9.63. Perico

Fig. 9.64. Perurico

Fig. 9.65. Perurico precoz

Fig. 9.66. Perracabiella

Fig. 9.67. Picón

Fig. 9.68. Prieta

Fig. 9.69. Raxao

Fig. 9.70. Raxarega

Fig. 9.71. Raxila ácida

Fig. 9.72. Raxila dulce

Fig. 9.73. Raxila rayada

Fig. 9.74. Raxina ácida

Fig. 9.75. Raxina amarga

Fig. 9.76. Raxina dulce

Fig. 9.77. Raxina marelo

Fig. 9.78. Raxona ácida

Fig. 9.79. Raxona dulce

Fig. 9.80. Regona

Fig. 9.81. Reineta Caravia

Fig. 9.82. Reineta encarna

Fig. 9.83. Reineta pinta

Fig. 9.84. Repinaldo Caravia

Fig. 9.85. Repinaldo hueso

Fig. 9.86. Rosadona

Fig. 9.87. San Justo

Fig. 9.88. San Roqueña

Fig. 9.89. Solarina

Fig. 9.90. Sucu

Fig. 9.91. Teórica

Fig. 9.92. Verdialona

Fig. 9.93. Verdosa

Fig. 9.94. Xuanina

Bien, con los datos que tenemos en este capítulo, ya podemos tomar una decisión sobre la variedad o variedades de manzana que queremos plantar.

Recordemos que es muy importante juntar variedades distintas con floración más o menos al mismo tiempo.

Esto tiene mucha importancia, ya que favorece muchísimo la polinización, tal como hemos visto en el capítulo dedicado a este tema.

Como ya hemos marcado las variedades elegidas, en el siguiente capítulo, trataremos cómo hacer una plantación.

CAPÍTULO X
¿PLANTAMOS UN ÁRBOL?

Por supuesto, es algo que toda la humanidad debería hacer en algún momento de sus vidas, sin ellos, no viviríamos.

Aparentemente es muy sencillo, se trata de hacer un hoyo, introducir la raíz del árbol, taparla con tierra, ponerle un poco de abono, regar y se termina.

Bueno, difícil no es, pero debemos de tener en cuenta unos cuantos factores para hacer la cosas bien, y sobre todo para que luego lo podamos disfrutar, y no surja un problema por no haberlo hecho adecuadamente.

En principio, ya tenemos información de distintas variedades de manzana de mesa o de sidra. Debemos elegir entre las manzanas de mesa que más nos gusten para nuestro consumo, o en el caso de que sean para vender, debemos pensar en las más comerciales. En caso de manzana de sidra, las más utilizadas por fabricantes o llagareros.

Decisión que deberíamos informarnos bien y meditarla, para no cometer errores que después tienen muy difícil solución.

Otro detalle importantísimo, es que debemos de tener muy claro qué tipo de árbol es el que queremos. Debemos elegir entre tres tipos de patrón.

PATRÓN FRANCO.

Estos árboles tienen un gran desarrollo, llegando a tener dimensiones muy grandes, pueden llegar hasta 6 m. de alto o más, tienen un enraizamiento muy fuerte, por lo que suelen ser muy resistentes a enfermedades, aguantan muy bien las rachas fuertes de viento, incluso son muy resistentes a las plagas de rata topo debido a la gran dimensión de las raíces.

Pueden aguantar en producción hasta 60 ó 70 años o incluso más.

La parte negativa de este árbol, es el mantenimiento, si pretendemos plantar unos pocos para nuestro consumo, como los cuidados seguro que van a ser manuales, abonado, poda, recolección etc. A medida que va creciendo, llegará el momento que nos costará podarlo y recoger el fruto. En fin, todo será más difícil.

PATRÓN DE VIGOR MEDIO.

En este momento, los más comerciales que encontraremos en cualquier vivero, son el MM111, EL MM106 y EL M7

El MM111, es el más vigoroso, no llega a ser un franco, puede alcanzar 4 ó 4,5 m de alto, pero en determinadas variedades de manzana, puede llegar a tener medidas parecidas. Se adapta muy bien a terrenos secos.

El MM106, su tamaño puede llegar como mucho a los 3 ó 4 m. de alto, en función de la variedad, por lo que es un árbol bastante manejable. Muy resistente al pulgón lanígero.

El M7, puede tener un tamaño similar al MM106. Se adapta muy bien a terrenos húmedos.

Claro que esto es muy relativo, factores como la parcela, los abonos, las podas etc. pueden influir en el crecimiento de los mismos.

Estos árboles, son más delicados que los francos, tienen un enraizamiento más pequeño y suelen ser más sensibles a enfermedades y plagas, sobre todo en la fase de crecimiento.

Durante esta fase de crecimiento, hablamos de los 4 ó 5 primeros años, es importante tenerlos entutorados, se pueden ver afectados por el efecto del viendo, debido a su pequeño enraizamiento.

A partir del 6º año, podemos prescindir del tutor.

Tienen una entrada en producción mucho más rápida que los francos, son muy manejables por lo que para pumaradas pequeñas son lo más indicados, ya que no son imprescindibles los medios mecánicos para su mantenimiento, pudiendo hacerlo manualmente sin ningún problema.

Su duración a plena producción puede estar entre 25 ó 30 años, en función del mantenimiento que hayan tenido.

Obviamos los patrones enanos, ya que hasta el momento no se aconsejaban en la zona norte. No conozco ninguna plantación con este patrón, por lo que nos falta experiencia y datos sobre los mismos.

Los marcos de plantación son totalmente distintos, necesitan tutor e instalación de alambre para el sostenimiento de los mismos, riego automático imprescindible, y muy sensibles a enfermedades, hongos, etc. La rata topo a este árbol le haría estragos, ya que el enraizamiento es muy pequeño.

Hay que tomar una decisión. ¿Qué árbol quiero para mí?

Todos queremos tener un árbol manejable, que no crezca mucho, que podamos coger las manzanas con la mano, que no nos dé ningún problema de enfermedades etc.

Es un error pensar que plantando un patrón franco lo vamos a controlar a base de podas, no es así, cuanto más lo podéis, más tendencia a crecer y más vigor, por lo que os acabaréis rindiendo y el árbol creciendo lo que tiene que crecer.

El mejor consejo que se os puedo dar es el siguiente:

Ningún patrón es mejor o peor que otro. Todos tienen sus ventajas y sus inconvenientes.

Tenemos que pensar cuántos árboles queremos plantar y con qué medios contamos.

Si vamos a plantar algún árbol para nosotros, yo, no lo dudaría, me decidiría por MM111, MM106 ó M7, cualquiera de los tres, ya que son muy manejables y no van a crecer más de lo que hemos indicado anteriormente.

Ahora bien, si vamos a plantar una pumarada de una o varias hectáreas, lógicamente debemos de tener una buena infraestructura: tractor, sistema de poda por cuchillas, vibrador para tirar la manzana, sistema automático de recogida, y algún artefacto más que luego mencionaremos más adelante.

En este caso, tampoco tendría ninguna duda, iría sin pensarlo a patrón franco.

Otro tema importante, es qué formación queremos darle al árbol, vaso o eje central.

Es la primera decisión que tenemos que tomar en el momento de plantar el árbol.

Si decidimos darle una formación en vaso, debemos despuntarlo, en caso de formación en eje central, lo dejamos tal como está.

Personalmente, me gusta respetar la forma natural del árbol y genéticamente los manzanos se forman en eje central.

Todas las demás formaciones, en vaso, en palmeta etc. es a base de forzar nosotros al árbol y eso requiere un mantenimiento de por vida, porque en cuanto lo dejamos libre, tenderá a convertirse en eje central.

Sobre todo en plantaciones grandes, ya nadie se plantea una formación que no sea en eje.

Entrada en producción más rápida, podas por aclareo muy sencillas, y en general, mucho mejor manejo del árbol.

Si ya tenéis claro qué patrón vais a plantar en vuestra parcela, necesitáis conocer los marcos de plantación para que podáis hacer el replanteamiento de la misma.

MARCOS DE PLANTACIÓN

Antes he comentado que no todas las variedades tienen el mismo vigor, unos crecen más que otros, por tanto debemos informarnos bien a la hora de elegir la variedad.

MARCOS DE PLANTACIÓN EN FUNCIÓN DEL PATRÓN Y DEL VIGOR DE LA VARIEDAD DEL MANZANO

VARIEDAD	FRANCO	MM 111	MM 106 / M 7
MUY VIGOROSA	8x7 m. 190 árb./Ha.	6,5x3,5 m. 510 árb./Ha	6x3 m. 580 árb./Ha.
VIGOROSA	7x6 m. 220 árb./Ha.	6x3 m. 580 árb./Ha.	5,5x2,5 m. 670 árb./Ha.
VIGOR MEDIO	7x5,5 m. 240 árb./Ha.	5,5x2,5 m. 670 árb./Ha.	5,25x2,25 m. 780 árb./Ha.
VIGOR REDUCIDO	6,5x5 m. 285 árb./Ha.	5,25x2,25 m. 780 árb./Ha.	5x2 m. 920 árb./Ha.

Fuente: El Serida.

Si queréis plantar un número de árboles determinado y la superficie de la parcela lo permite, se pueden aumentar las distancias aconsejadas, de esta manera los árboles recibirán más sol y para nosotros será más cómodo el mantenimiento de la pumarada.

De cualquier manera, el número de árboles indicado, puede variar en función de las características de la parcela.

Y las medidas indicadas, son más bien generosas, no conviene juntar demasiado los árboles para mejor aprovechamiento de la parcela.

Pero antes de hacer el replanteamiento, tenemos que hacer otras labores en la parcela.

Está claro que no es lo mismo plantar algún árbol cerca de nuestra casa, para nuestro propio consumo, que una pumarada de "X" dimensiones destinada a la comercialización de la manzana.

No se pueden plantar manzanos en cualquier parte.

Lo más importante, es saber lo que tenemos que hacer, luego va a ser la decisión de cada uno, de hacer las cosas de una manera u otra, en función de los medios o infraestructura con la que contemos.

En caso de una mini plantación, algún árbol para nuestro propio consumo, no hace falta ser muy rigurosos, con que el terreno sea fértil, drene bien para evitar encharcamientos y que no sea muy sombrío, nos vale.

Los meses de plantación, suelen ir desde Enero hasta mediados de Marzo, por lo que previamente, en Octubre o Noviembre, prepararíamos el terreno, haciendo unas pozas de unos 80x80 cm. y unos 50 cm. de profundidad, removería un poco la tierra del fondo y le aportaría cal, con el fin de equilibrar el PH y se dejarían así hasta el momento de plantar.

Cuando hablamos de plantaciones importantes, destinadas a la comercialización de la manzana, que incluso pueden llegar a tener una dimensión de varias hectáreas, debemos actuar de otra manera, y tener en cuenta otra serie de factores muy importantes.

Pensar que la inversión puede llegar a ser muy cuantiosa, por lo que debemos de ser muy precavidos y hacer las cosas bien.

Lo primero a tener en cuenta es el acceso, debe permitir la entrada de tractor, (Imprescindible para el mantenimiento de la pumarada), así como otros vehículos, remolque, etc. que se necesitarán para sacar el producto.

Puede ser llana o inclinada, no importa, si la inclinación está orientada hacia el sur, mejor todavía, en caso contrario, tendremos una pumarada más sombría, con menos horas de sol.

El suelo tiene que ser equilibrado y fértil, lo mismo que antes, no valen suelos mal drenados que acumulan encharcamientos o humedales.

La preparación del terreno, tenemos que comenzarla en el verano anterior a la plantación y lo primero que vamos a hacer, es una analítica del suelo para ver si hay carencias.

Para lo cual debemos recoger unas muestras de tierra en diversos puntos de la parcela, separados unos 25 metros unos de otros.

El sistema más práctico para hacer, es con un tubo de unos 5 ó 6 cm. de diámetro, lo clavamos en el suelo a unos 20 ó 25 cm. de profundidad, al sacarlo vendrá lleno de tierra, que depositaremos en el suelo y repetiremos la operación en distintos puntos, tal como se había indicado.

Mezclaremos toda la tierra recogida y la dejaremos secar al aire libre, protegida de la lluvia y del sol.

Una vez seca, la pasaremos por el tamiz varias veces, con el fin de recoger polvo fino.

Éste lo tenemos que llevar a algún laboratorio especializado para que lo analicen y nos comuniquen los resultados.

En base a este análisis, nos habrán de indicar la cantidad de abono y enmiendas calizas que debemos aportar, cal, sulfato potásico etc.

Una vez aportados los abonos correspondientes, deberíamos arar la tierra o bien fresar con subsolador.

Aproximadamente en el mes de Noviembre, aportaríamos abono orgánico nitrogenado, estiércol o compost, a razón de unas 40 Tm. por hectárea.

Llegada la hora de plantar, pasaremos el rotovator y procederíamos a plantar, con tutor, puesto que con la tierra tan suelta los árboles podrían moverse por el efecto del viento.

En terrenos llanos, se puede plantar sobre poza, no así en terrenos inclinados, donde la acumulación de agua puede producir el efecto tiesto.

Otras labores imprescindibles que debemos hacer en la parcela, son:

Vallado de la misma, contra especies cinegéticas, ya que nos pueden causar auténticos estragos en la plantación.

Dado los problemas que tenemos actualmente con los ratones, está dando muy buenos resultados, rodear toda la parcela con una malla metálica, (Puede servir la de conejera), de unos 60 o 70 cm. enterrando la mitad (30-35 cm.) y la otra mitad al exterior, los ratones se desplazan principalmente por la noche, y suelen hacerlo o bien por la superficie o por los túneles subterráneos, esta malla, les impediría la entrada a nuestra parcela.

Conozco el caso de una plantación de Campoastur, que han instalado esta malla, y cada 20 ó 30 metros, entierran un cubo a ras del suelo, con agua hasta la mitad y casi todos los días hay ratones que han caído en la trampa, al no poder entrar, van rodeando la parcela hasta que caen dentro del cubo, y el agua les impide salir. (Es muy práctico).

Ya que estamos trabajando la parcela, otra labor muy a tener en cuenta, diría que imprescindible, es la instalación de riego automático subterráneo, podríamos dejarlo ya preparado, no os podéis imaginar la importancia del riego para los árboles, aunque estemos hablando de zonas húmedas y lluviosas, como puede ser todo el norte de la península.

Vamos a ver un capítulo dedicado al riego, y podréis comprobar que esta instalación, en pocos años, la habréis amortizado.

Otra cuestión a tener en cuenta.

Seguramente una de las cosas que primero vais a hacer, es limpiar la parcela y eliminar todo tipo de setos o sebes.

Evitar ese error. Si las hay, conservarlas y que arranquen desde el suelo lo más tupidas posible y cuanto más altas mejor. Servirán de cortavientos, anidarán cantidad de pájaros y aves muy beneficiosos para el medio, ya que nos librarán de cantidad de plagas.

Y si no las hay, las pondría rodeando toda la parcela. Habría que hacerlo utilizando distintos tipos y variedades de matorral, arbustos etc.

Pensar que en zonas manzaneras de países de nuestro entorno con producciones intensivas enormes, que hace años, las habían eliminado, hoy en día, las están empezando a poner otra vez, se dieron cuenta que con el paso de los años, cada vez aumentaban más las plagas, por no facilitar el anidado a las aves.

En estos meses de verano, cuando estamos preparando el terreno, es cuando debemos de hacer el encargo de los árboles al vivero, en el caso de que vayamos a hacer una plantación extensa.

En caso de que sean pocos árboles, no hace falta, ya que normalmente suelen tener en existencia.

Para hacer la reserva, deberéis dar los siguientes datos:

PATRÓN, Franco o uno de los de vigor medio.

FORMACIÓN, si queréis una formación en copa o en eje central, (es muy importante darle este dato, no vaya a ser, que por error se despunte el eje).

Y NÚMERO DE ÁRBOLES DE CADA VARIEDAD.

Llegado el mes de Enero, tenemos el terreno preparado y los árboles en nuestro poder, por tanto, vamos a empezar la plantación.

Como tenemos marcado el cuadro de plantación, solo tenemos que tirar las líneas donde van a ir las filas de los árboles y con un testigo, que nos marque la distancia entre los mismos, vamos plantando uno por uno, haciendo una poza con una profundidad justa para enterrar el árbol, extendiendo bien las raíces y sin sobrepasar nunca el injerto, éste siempre tiene que quedar fuera, al aire libre.

Si la raíz la tapamos primero con 1 Kg. más o menos de humus de lombriz y luego le echamos la tierra encima, al árbol le va a venir estupendamente, conozco cosecheros que emplean este sistema. Personalmente lo he utilizado en unos árboles dando muy buen resultado.

Ya tenemos la plantación hecha y nos ha quedado preciosa, sólo nos queda esperar hasta Abril o más bien Mayo, para ver cómo asoman los primeros brotes. Señal de que empieza una nueva vida.

Pero, si hemos decidido que nuestra plantación tenga una formación en vaso, debemos despuntar todos los árboles, cortando el eje a una altura de 1 a 1,20 m. aproximadamente.

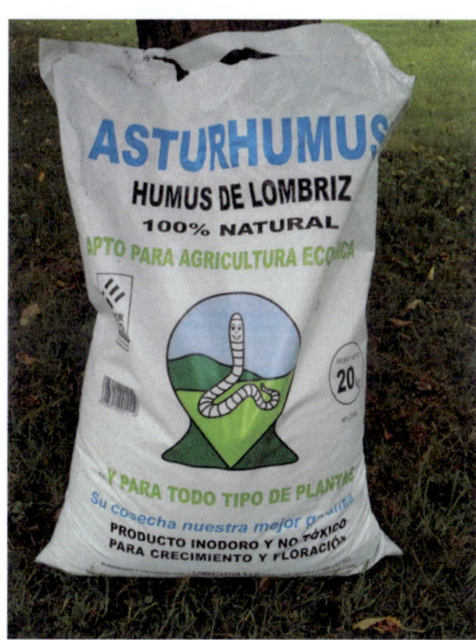

Fig. 10.1 - Humus de lombriz

En caso de que vaya en eje central, los dejamos tal como están, no tenemos que hacer nada.

Al tercer o cuarto año de la plantación, seguro que algunos árboles, ya nos empiezan a enseñar alguna manzana.

Será a partir del quinto o sexto año, cuando ya empiece a tener una producción aprovechable, que de año en año, irá en aumento.

En los próximos capítulos, iremos viendo los mantenimientos que debemos ir haciendo, pero el siguiente lo vamos a dedicar a la VECERIA O ALTERNANCIA, de esta manera, conociendo este problema, entenderéis mucho mejor los mantenimientos que debéis hacer en la pumarada.

CAPÍTULO XI

VECERÍA O ALTERNANCIA

Es un desajuste en la producción del manzano y en general de los frutales, principalmente de pepita o semilla.

Consiste en que un año, produce una cosecha excesiva y partir de ese momento, se desarrollan una serie de circunstancias, que vamos a ir conociendo, y que hacen que al año siguiente prácticamente no tengamos cosecha o ésta sea muy pequeña.

El manzano, genéticamente es propenso a la vecería, por lo que entra en élla con mucha facilidad y difícilmente saldrá, si no es con nuestra intervención.

Fig. 11.1 - Árbol con exceso de producción.

¿POR QUÉ SE PRODUCE LA VECERÍA?

La causa principal, está motivada por el número de pepitas o semillas del manzano, que emiten unas hormonas capaces de inhibir la inducción floral.

Y en qué consiste la INHIBICIÓN DE LA INDUCCIÓN FLORAL?

Es muy importante conocer esta función del árbol, porque os ayudará muchísimo en las decisiones para corregirla.

En primavera y verano, el manzano realiza tres procesos fisiológicos.

El primero, la brotación de las yemas, aparición y desarrollo de las flores, el cuajado del fruto y se inicia el crecimiento del árbol.

Este proceso se realiza principalmente en los meses de Mayo y Junio.

El segundo, la inducción floral, que consiste en la transformación de yemas vegetativas o de madera, en yemas de flor, así como la formación de los primordios florales. Esto lo habíamos visto en el capítulo dedicado a las yemas. Durante este proceso que se realiza en el mes de Julio, se frena el crecimiento del árbol.

Una vez terminado el proceso anterior de inducción floral, se desarrolla el tercero, que es la reanudación de la segunda fase de crecimiento del árbol y el desarrollo y crecimiento del fruto.

Producido el cuajado de fruto, comienza a desarrollarse la manzana, y una vez desarrollada, es decir, cuando en su interior está totalmente formado el corazón y las pepitas, es cuando comienzan a emitir las hormonas que evitan la formación de las yemas florales, esto es lo que se denomina INHIBICIÓN DE LA INDUCCIÓN FLORAL.

Este hecho, ocurre generalmente en el transcurso del mes de Junio.

Fig. 11.2. Manzana formando las pepitas

Sabiendo ésto, cuando tengamos que hacer alguna actuación, como aclareo de frutos, tal como veremos en un capítulo dedicado a este tema, hay que hacerla antes de que las semillas inhiban la inducción floral.

¿Cómo podemos saber nosotros, cuándo las semillas comienzan a emitir las hormonas?

Tengamos como referencia este dato:

Aproximadamente cuando la manzana supera el tamaño de una avellana, es cuando comienza a emitir las hormonas.

Una vez superado ese tamaño, las actuaciones que hagamos, es posible que lleguen demasiado tarde.

Si las pepitas han actuado y se ha frenado la formación floral, ya no hay marcha atrás, es como si el árbol hubiera tomado la decisión de que al año siguiente no va a producir fruta.

¿Hay algo que podamos hacer para evitar este proceso de las pepitas?

¡NO!. Siempre que haya manzanas, habrá este proceso.

Lo que tenemos que hacer es buscar el equilibrio del árbol, es decir, que haya una buena proporción entre el número de hojas y el número de manzanas. En el capítulo de las hojas, habíamos afirmado, que una buena proporción, sería de unas 30 ó 40 hojas por cada fruto.

Está claro que este dato es imposible de cuantificar, por lo que debemos buscar el equilibrio en el tiempo, hasta lograr tener una cosecha regular todos los años.

¿Os acordáis que en el capítulo de las yemas, habíamos visto que se forman en las axilas de las hojas?

Bien, cuando un árbol tiene muchísimas manzanas, lo que llamamos una "cosechona", es evidente que no puede tener muchas hojas, todo no puede coger en la copa.

Mucha cosecha de manzana = poca vegetación en el árbol y viceversa.

Por tanto, con tan pocas hojas, pocas yemas se van a formar, y con tantísimas pepitas de 4 a 8 por cada manzana, está claro que no permitirán que se forme ni una sola yema de flor, es decir, al año siguiente, nos quedamos sin producción.

Por otra parte y tal como vimos también el capítulo dedicado a las hojas.

Un árbol con poca vegetación poca actividad fotosintética (FOTOSÍNTESIS) va a realizar.

Consecuencia, muy pocos nutrientes, manzana de poco tamaño de muy baja calidad y pocas reservas en la raíz, por lo que las posibles flores que aparecerán en la primavera siguiente, proceden de ramas anteriores, de dos o tres años, que incluso pueden llegar a polinizar, pero no llegarán a cuajar en fruto, o éste será tan débil que se caerá al poco tiempo. Demasiado desgaste del árbol y poca alimentación invernal. Resultado ¡VECERÍA!.

Conviene tener en cuenta, que sobre todo el manzano de sidra es de maduración tardía (Octubre, Noviembre e incluso Diciembre), ésto hace que haya muy poco tiempo entre la maduración y la nueva floración, por lo que el árbol no tendrá tiempo a recuperar las suficientes energías para que se produzca un buen cuajado de fruto.

En la manzana de mesa, generalmente, la recogida de fruto, se hace antes que la de sidra, por lo que una vez recogida, las hojas siguen efectuando la fotosíntesis, acumulando más reservas vitamínicas de cara al invierno.

Por otra parte, al tener más tiempo para la recuperación, hacen que sean menos propensos a la vecería.

Caso contrario, un árbol sin producción o con muy poca manzana, tendrá muchísima vegetación, muchísimas hojas y se formarían por tanto una gran cantidad de yemas.

Al no haber pepitas, o muy poca cantidad, no van a evitar que se formen muchísimas yemas de flor.

Al mismo tiempo la función de FOTOSÍNTESIS, es extraordinaria, y fabricará cantidad de nutrientes, que al no haber manzana se van todos a la reserva.

Llegada la primavera, árbol descansado, muy bien alimentado, cantidad de floración, resultado COSECHONA y vuelta a empezar.

Pero, cuando hablamos de vegetales, dos y dos, no siempre son cuatro.

Puede ocurrir, que cuando esperamos una buena cosecha, nos venga una primavera muy lluviosa y fría, los polinizadores no acudirán a realizar su trabajo, por lo que si no hay buena polinización, nos podemos quedar sin fruta otra vez.

También puede venir una buena primavera y en el mes de Mayo, venir de repente una helada muy fuerte. (Esto ha ocurrido en Asturias en Mayo del 2017, se llegó a tener hasta -6º C.)

Esta helada puede quemar o resecar los estigmas de la flor y quedar estéril.

Es decir, las consecuencias climatológicas, son otra de las causas de la vecería.

Y por último, otra de las causas, es el agotamiento fisiológico o nutricional del árbol.

¿Qué consecuencias acarrea el problema de la vecería?

En primer lugar, como es lógico, problemas económicos, el año que no toca cosecha, sólo vamos a tener pérdidas, porque los mantenimientos de la pumarada, los hay que hacer igual, así que generaremos gastos y no tendremos ingresos, o serán muy pequeños.

El caso contrario, es cuando tengamos una gran cosecha. En este caso, pensamos que vamos a tener unos ingresos extraordinarios, pero no siempre es así.

La vecería o alternancia, no suele ser problema de una sola pumarada, suele ser más bien un problema comarcal, es decir, las pumaradas de una zona determinada, suelen padecer el problema en el mismo año, por ejemplo, en Asturias es frecuente que las pumaradas de la zona costera, tengan la vecería al mismo tiempo, en tanto que las del interior, la tengan al año siguiente, es decir, la tienen cambiada.

Esto significa, que cuando hay cosechona, la hay para casi todos, con lo cual hay una oferta de manzana tan grande, que los fabricantes y llagareros, no son capaces de asumirla.

¿Y qué pasa cuando hay exceso de oferta? Precios a la baja, incluso por debajo de los costes de producción, por lo que muchos productores de manzana no cubren sus gastos y otro año, que no obtienen beneficio de su plantación.

Otros problemas del exceso de producción, son la rotura de ramas, caída de árboles, manzana de mala calidad y esto sí tiene mucha importancia.

El tamaño de la manzana en estos casos, suele ser muy pequeño, tanto que una gran cantidad se quedará sin recoger, al no superar el tamaño de una nuez. La recogida también es muy costosa, hay que recoger muchas manzanas para llegar a un Kg.

A nuestros clientes, no les podemos garantizar un suministro regular, un año con muchísima producción y al año siguiente, nada.

Estos se ven obligados a acudir a otros mercados, incluso fuera de nuestro País, por lo que nosotros mismos estamos allanando el camino a nuestros competidores.

También estamos colaborando, por ejemplo, a frenar el desarrollo de la D.O.P. de Sidra de Asturias, al no garantizar la suficiente cantidad de producción de manzana autóctona.

Tampoco es lógico que los fabricantes, haya o no producción de manzana, sigan importando del exterior, en detrimento de los cosecheros de la zona, que en muchos casos se quedan sin poder vender su producción.

Estas actuaciones, carecen de toda lógica comercial, y en algún momento habrá que reordenar este sector, para que no se sientan perjudicados, tanto unos, como otros.

Sabemos en este caso que la Consejería del Principado de Asturias, Consejo Regulador, profesionales como el Serida, Campoastur, Club Sierense de Amigos de la Manzana, están desarrollando una labor de divulgación, a base de información y charlas, con el fin de que los productores, pongan fin a la vecería de sus pumaradas.

Esto sería el primer paso, y el más importante, ya que una vez tengamos regulada la producción, sabremos en qué situación estamos, si somos autosuficientes o se seguirá necesitando importar producto.

He participado en alguna de estas charlas, y me encuentro con que no todos los productores de manzana están convencidos de acabar con la vecería, es como si estuvieran cómodos en esta situación, algunos piensan que trabajando un año sí y otro no, obtienen los mismo ingresos que si tuvieran una producción regular. Otros te hacen consultas para saber lo que tienen que hacer para cambiarla, es decir, que ellos tengan producción cuando no la tengan los demás. O sea, pura especulación, el futuro no pasa por ahí.

Tenemos que ser realistas y saber qué es lo que tenemos, porque no todo son inconvenientes, tenemos cosas buenas que hay que explotar, como la calidad de nuestra fruta y la profesionalidad y el conocimiento de nuestros fabricantes. Con estos dos ingredientes, podemos llegar a cualquier parte del mundo, no solo con la materia prima, la manzana, también con la sidra y otros derivados de la misma.

Esto lo tienen muy bien asumido las zonas más productoras de manzana de mesa, Aragón y Cataluña.

Saben que no se pueden permitir el lujo de una pumarada en vecería, sería la ruina.

Por otra parte están más mentalizados, no sólo con los tratamientos para evitarla, sino, también para poder ofrecer un producto de calidad en condiciones óptimas para exponer en tiendas de alimentación y al mejor precio posible para ser competitivos, por lo que su beneficio, está en las cifras de ventas, y aquí no caben disculpas hay que garantizar cosechas regulares. No queda otra opción.

En el caso de zonas manzaneras, pero más bien de manzana de sidra, el problema es distinto, como por ejemplo, en Asturias o en el País Vasco.

En estas zonas, no es fácil, hay muchos inconvenientes, concretamente, la zona de Asturias y el País Vasco, tienen una orografía muy singular, muchas zonas de montañas y valles, muchos núcleos rurales repartidos por toda la geografía, infraestructuras como carreteras, autovías, ferrocarril, etc.

Esto hace que las pumaradas, sean todas de poca extensión, creo que las mayores pueden estar en torno a las 30 Ha. y en el caso de Asturias, no creo que haya más de tres o cuatro con esta dimensión, el resto, son pumaradas pequeñas que en muchos casos, ni siquiera llegan a la Ha.

Como es lógico en esta situación, el mantenimiento de las pumaradas, en la mayoría de los casos, es manual, por lo que los costes de producción son muy superiores en comparación con los de otras zonas y países de nuestro entorno, en algunos casos con mano de obra más barata, pumaradas de gran extensión, superiores en muchos casos a las 100 Ha. totalmente llanas y plantaciones más intensivas, por lo que los costes de producción son mucho más baratos.

En resumen, nunca seremos competitivos en precio, pero sí lo podemos ser en calidad, Y LA CALIDAD HAY QUE PAGARLA.

Y no todo es negativo, en estas zonas, y más concretamente en Asturias, tenemos un clima templado y húmedo durante todo el año. Un invierno frío/templado, con bastantes horas con temperaturas entre 4 y 7º.

Una primavera/verano, templado, pero con temperaturas que se sitúan entre los 20 y 25º.

Son las condiciones ideales para el desarrollo del ciclo anual del manzano.

Por otra parte los mismos montes y valles que antes ponía como inconveniente, también tienen su parte positiva, hacen de cortavientos, por lo que a lo largo de todo el año, son muy pocos los días que tenemos vientos que superen los 80 ó 90 Km/hora.

Ideal para los manzanos que no admiten estos vientos huracanados.

También tenemos unos terrenos bastante fértiles y nitrogenados, con un grado de acidez más bien alto como se corresponde con un clima húmedo.

Podríamos decir, que tenemos un pequeño paraíso para los manzanos.

Seamos por tanto positivos y aprovechemos lo mucho y bueno que tenemos, teniendo claro lo que tenemos que hacer y poniéndonos manos a la obra, para conseguir un producto de referencia a nivel internacional. No es tan difícil.

Hay unos razonamientos comerciales que emplean las empresas como método, que nos pueden venir muy bien, tanto a los productores, como a los fabricantes, incluso a los distribuidores, comerciantes, restaurantes, sidrerías etc.

Por ejemplo:

"No se compite mejor pagando menos por la materia prima, sino, vendiendo más"

"Un producto barato, no es garantía de calidad"

"Aplicar métodos o sistemas de producción, para vender un producto más barato, ES EL FIN, siempre habrá otros que lo hagan más barato todavía"

"Trabajar con calidad y para la calidad, es la garantía de futuro"

Esto es lo que tenemos que hacer los productores, trabajar en nuestras pumaradas para tener el mejor producto, manzanas que hayan tenido un desarrollo y una maduración adecuados, de buen tamaño, y de una calidad que supere cualquier análisis de rendimientos en mosto, ingredientes, fenoles, etc.

Es decir, ¿nuestras manzanas van a ser más caras que las de nuestro entorno? Pues sí. Pero la calidad también va a ser superior.

Que sean los fabricantes los que se decidan por una materia prima de más calidad o por otra más económica. Que ellos decidan, si quieren salir al mercado con un producto barato, para competir con otros de otro producto más barato, o de fabricar un producto de calidad, aunque sea más caro.

Los consumidores afortunadamente cada día tenemos más información, y cada día vamos a ser más exigentes y vamos a buscar productos de más calidad. Esto lo estamos viendo en todos los sectores, no solo de alimentación, sino también en productos de decoración, vestido, calzado, productos industriales, de ocio etc.

Todos tenemos que tener muy claro a dónde queremos ir.

Si el punto de destino, es la profesionalidad, la regularidad en la producción, la calidad de nuestra manzana, tendremos el futuro garantizado para muchos años.

Los fabricantes, no tendrán ningún motivo para buscar producto fuera, cuando lo tienen cerca de casa y de más calidad, aunque sea un poco más caro, también obtendrán más rentabilidad y menos rechazo a nivel comercial por parte de los consumidores de la zona.

También nosotros tendremos la garantía sobre el producto que consumimos, que sale de nuestra tierra y el círculo económico comercial se cierra sin salir de nuestra región.

En caso contrario, ya sabemos las consecuencias, las estamos padeciendo ahora mismo, producciones totalmente desbocadas, precios de venta que no cubren los gastos, malestar entre todos los productores, incluso algunos ya han decidido prescindir de sus pumaradas y sustituir por otro tipo de producción, aguacate, por ejemplo.

No voy a seguir insistiendo más en el tema, tenemos que tener la suficiente capacidad de reflexión y de responsabilidad, para llegar a la conclusión de que merece la pena apostar por un futuro para nuestras pumaradas, para que sigan siendo un punto de referencia en el aspecto económico y social, igual que desde hace cientos de años.

Soy muy optimista, conozco a mucha personas y gente joven al frente de plantaciones importantes que han apostado definitivamente por reconducir la situación actual, se están formando muy bien, y están empezando a utilizar métodos disponibles para regularizar la producción.

Seguro, que en poco tiempo comenzaremos a tener una perspectiva mucho más halagüeña y poco a poco todos nos iremos subiendo a ese tren, que podríamos llamar el tren del futuro.

En el siguiente capítulo conoceremos los métodos que podemos utilizar para llegar al destino.

CAPÍTULO XII

"ADIOS" A LA VECERÍA (ABONO, RIEGO, PODA Y ACLAREO)

Con qué armas contamos para reconducir la producción de nuestras plantaciones?

Tenemos métodos indirectos, como el abonado, el riego y la poda.

Y métodos directos, como son el aclareo de flor o de fruto, bien sea manual o con fitorreguladores.

Vamos a comenzar describiendo los métodos indirectos, y lo haremos en dos partes.

La primera, dedicada a las pumaradas más pequeñas, o de mantenimiento manual y una segunda parte a las más extensas, con mantenimiento industrial, aunque hay métodos que son comunes a ambos tipos, como veremos a continuación.

EL ABONADO:

Este método es válido para todo tipo de plantaciones.

Son muchos los productores de manzana que nos consultan con frecuencia, si es necesario abonar, cuando no se espera cosecha.

Es evidente que abonar hay que abonar siempre, tengamos cosecha o no, otra cosa es que la cantidad de abono a aplicar sea más o menos en función de la misma.

Por lo que puedo apreciar, profesionales del sector muy cualificados piensan igual, es decir, el abono debemos hacerlo en dos fases.

Una primera fase, que debemos realizar es en el transcurso del mes de Marzo/ Abril aplicando un abono compuesto, procurando hacerlo un día de lluvia, o cuando haya previsión en los próximo días, esto facilitará la descomposición del abono y será asumido más rápidamente por los filamentos de la raíz.

No nos preocupemos con este comentario, en caso de que no haya lluvia, el abono terminará llegando igualmente a su destino, aunque que va a tardar más.

El abono debemos echarlo en todo el perímetro del árbol. Recordar, que la raíz es aproximadamente 1,5 veces mayor que la copa del árbol, y los filamentos están de la mitad de la copa hacia afuera, es ahí, donde debemos aplicar el abono, cuando más os acerquéis al tronco, menos efectividad tendrá.

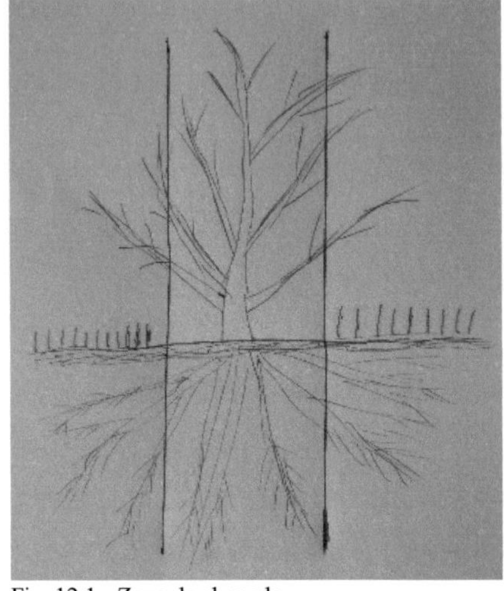

Fig. 12.1 - Zona de abonado

¿Y qué cantidad debemos echar?

Viene determinada por la edad y el vigor del árbol.

Nos basaremos en la siguiente tabla elaborada por CAMPOASTUR, para el abono compuesto que esta empresa fabrica y que comercializan con el nombre de FERTIMANZANO, es una abono específico, que ofrece muy buenos resultados.

TABLA DE ABONADO

AÑOS DE PLANTACION	GRAMOS POR ARBOL
1º	0
2º	350 gr.
3º	420 gr.
4º	500 gr.
5º	630 gr.
6º	700 gr.
7º Y SIGUIENTES En función del vigor del Árbol.	910-1100 gr.
ÁRBOLES FRANCOS DE MÁS DE 7 AÑOS.	1500-2000 gr.

Al menos cada 4 o 5 años, convendría hacer una analítica del suelo tal como explicamos en el capítulo de la plantación, para corregir posibles carencias.

Tened en cuenta que en el año de plantación, hicimos una recomendación de aplicar humus de lombriz a la raíz. En este caso, sería suficiente abono para el primer año.

Vamos a conocer a continuación las características de alguno de los abonos más utilizados:

Se trata principalmente de abonos compuestos por:

N=Nitrógeno P=Fósforo K=Potasio Mg=Magnesio S=Azufre, más otros componentes.

El Nitrógeno, es un componente que facilita el crecimiento y desarrollo de la plata.

El Fósforo, facilita el desarrollo radical de la planta (raíces) y también la vigoriza.

El Potasio, es muy importante para la actividad fotosintética y protege al árbol contra el frío y la sequía.

El Magnesio, es fundamental para la fotosíntesis.

El Azufre, regula el nitrógeno y moviliza al fósforo y al Potasio.

Algunos de los abonos más utilizados:

Nombre comercial: FERTIMANZANO
Fabricante: CAMPOASTUR
Composición: 8-12-18+2
8% de Nitrógeno, 12% de Fósforo, 18% de Potasio y 2% de Magnesio.
Dosis por Ha., entre 700 u 800 Kg.

Nombre comercial: 9-18-27
Fabricante: FERTIBERIA
Composición: 9-18-27 (6)
9% de Nitrógeno, 18% de Fósforo, 27% de Potasio y 6% de Azufre.
Dosis por Ha., unos 600 o 700 Kg.

En el mercado hay otras marcas, con composiciones similares, que también ofrecen buenos rendimientos.

Independientemente de las dosis por Ha. recomendadas por los fabricantes, mi consejo es basarnos en las citadas en la tabla que hemos visto anteriormente, tanto para uno, como para otro

También se están utilizando cada vez más abonos con certificación ecológica, suelen estar elaborados con base de estiércol, principalmente de gallina, oveja y caballo y restos vegetales de cultivos comestibles, sometidos a un proceso de descomposición o fermentación.

Estos productos, también ofrecen buenos rendimientos y no dejan residuos contaminantes en el suelo.

Para los productores que tengan pumaradas con certificación ecológica o que estén en vías de tramitación del certificado, deben utilizar este tipo de abono.

También cualquier productor puede abonar con estos productos, tal como he comentado anteriormente, son abonos naturales, que no dejan residuos en el suelo.

Uno de estos abonos que poseen certificado ecológico, es el siguiente:

Fig. 12.2 - Abono ecológico

Nombre comercial: REGENERA

Fabricante: Redondo Izal

Composición:

4,2% de Nitrógeno, 2,8% de Fósforo, 4,2% de Potasio, 6,4% de Calcio, 2% de Magnesio, 1,5% de Azufre, tiene también un alto contenido de Carbono orgánico hidrosoluble.

El fabricante, recomienda una dosis de 900 a 1200 Kg/Ha. para árboles adultos de pepita, como es el caso del manzano.

Mi recomendación, es basarse en las dosis especificadas en la tabla anterior, de acuerdo con la edad y el vigor del árbol, pero en este caso, incrementando entre un 20 ó un 25% las dosis.

Una vez abonada nuestra plantación, debemos esperar a la llegada de la primavera y ver qué cuajado de fruto nos ofrece.

Para asegurarnos de la cosecha que vamos a tener, deberíamos esperar a que las manzanas alcancen aproximadamente el tamaño de una avellana, de este modo, nos aseguramos de que el fruto está bien cuajado, que no va a caer y que va a tener un desarrollo normal.

En caso de que tengamos una cosecha asegurada, en función de la misma, deberemos volver a repetir abonado.

Una buena cosecha, podemos abonar basándonos de nuevo en la tabla anterior.

Si la cosecha no es muy importante, podemos reducir la dosis.

Otro opinión que se puede dar, es que, en esta segunda fase se utilicen abonos más nitrogenados, estiércol o compost vendría muy bien, a razón de unas 35 ó 40 Tm/Ha.

En todas las pumaradas, deberíamos tener una zona, destinada al compostaje, nos serviría para aprovechar todo el desbroce de limpieza de la finca, manzana que cae antes de tiempo, manzana podrida, restos de pequeñas ramas, hoja etc.

El compost, debería estar al menos dos años en proceso de fermentación y maduración para que las lombrices de tierra hagan su trabajo, por lo que sería aconsejable que el compostador, tuviera ventilación y que esté dividido en dos partes, el primer año, utilizaremos sólo una parte y al año siguiente utilizamos la otra. Al tercer año, ya vaciamos de compost la primera y empezamos de nuevo. De esta, manera alternando los usos siempre tendremos compost bien fermentado y también en proceso de fermentación.

Fig. 12.3 Compostador casero

Fig. 12.4 Compost fermentado

El compost es un muy buen abono para nuestro huerto, para los pumares y sobre todo si tenemos planta de Kiwi, espectacular, ya que este frutal necesita de abonos nitrogenados.

Resumen del capítulo:

Muy importante el abonado.

Hacerlo en dos fases, en función de la cosecha de manzana.

Respetar las dosis, tan malo es abonar por defecto, como por exceso. Pensar que la cantidad de abono está calculada para que la planta reciba los nutrientes que necesita y sabiendo que la hierba de la parcela, también se va a aprovechar. Todo está calculado.

La decisión de utilizar un tipo de abono u otro, os corresponde a vosotros, en este capítulo nos hemos limitado a facilitar información de los mismos, y estamos en condiciones de asegurar la eficacia de cualquiera de ellos.

Ya tenemos claro el tema de abonado, y a continuación vamos a tratar sobre el siguiente método común a todo tipo de pumaradas.

EL RIEGO

En los productores del norte, Asturias y Galicia principalmente, es donde más controversia hay con este tema.

La instalación de un sistema de riego automático, en plantaciones ya existentes, es complicado, ya que tenemos que pasar las tuberías por las filas de los árboles, como a 70/80 cm. del suelo para que nos permita hacer el mantenimiento de desbroce, etc.

Ahora bien, si vamos con moto segadora o máquina cortacésped, y queremos cruzar de una calle a otra, no tenemos más remedio que rodear toda la fila. Si vamos a pie, tenemos que pasar por encima de la instalación, en fin, que no deja de ser un inconveniente importante.

Lo ideal, es estar totalmente convencidos de la importancia de riego, y hacer la instalación cuando estamos preparando la parcela, antes de proceder a la plantación, de esta manera se puede hacer subterránea, similar a la que se utiliza en los campos de fútbol.

Sabemos que representa una inversión considerable, pero no tenemos que tener la más mínima duda, de que en poco tiempo, la tendremos amortizada.

Pensar que no vendemos la manzana por unidades, sino, que la vendemos por peso, por tanto, cuando más tamaño tenga la manzana, más peso tendrá y además más fácil será su recogida.

Una pumarada bien regulada, con la manzana de buen tamaño, significa que ha tenido un buen desarrollo, y si la recogemos en su estado natural de maduración, tendremos una manzana de muy buen rendimiento en mosto y por tanto de buen peso. Esta es la clave.

Habíamos comentado en capítulos anteriores, que el manzano en su ciclo anual, tiene dos fases de crecimiento.

La primera, es justo cuando empieza a brotar en primavera, y se alarga durante el mes de Mayo y Junio.

En el mes de Julio, cesa en su crecimiento y la segunda fase, se activa de nuevo a finales de este mismo mes.

Es frecuente que en estas fechas, Julio y Agosto, haya pocas lluvias, con días soleados y calurosos, esto hace que la tierra se reseque y no llega suficiente agua a la raíz.

Sobre todo en árboles jóvenes, que están en fase de crecimiento, y que todavía tienen un sistema radical muy pequeño, se verán muy afectados, dejan de crecer por falta de agua, o crecen muy poco, por lo que van a tener un desarrollo anormal.

También en árboles adultos, en plena producción, aunque tengan la raíz muy desarrollada, la falta de agua, hace que deje de crecer, no solo el árbol, sino que el fruto se va a ver afectado.

¿Cuántas veces durante el mes de Agosto, comentamos entre nosotros la falta que hace que llueva, para que crezca la manzana?

En estos momentos es cuando el riego automático se hace indispensable, para que tanto el desarrollo del árbol, como del fruto, sea el adecuado.

Manzana, bien formada, con tamaño normal y en estado de maduración, = a manzana de calidad y buen peso = a más rentabilidad.

Manzana que bien sea por "cosechona", por falta de riego, que se ha quedado pequeña, que no ha tenido una buena formación, aunque la recojamos en su estado de maduración, tendrá poco peso por el tamaño y poca calidad.

En este caso, poca rentabilidad le vamos a sacar, y llegará el día en que los fabricantes nos miren la calidad del producto, pudiendo incluso rechazar nuestra manzana, en el caso de que no cumpla estándares mínimos de calidad.

Sólo con estos dos métodos abonado y riego, no vamos a solucionar en absoluto el problema de la vecería, pero sin éllos, tampoco. Los tenemos que complementar, con el más importante de todos.

LA PODA

En este caso, nos vamos a referir a la poda en plantaciones pequeñas, donde no queda más remedio que hacerlo de forma manual.

Comenzaremos en primer lugar con árboles con formación en eje central, que son la mayoría de las plantaciones que se vienen haciendo en los últimos años.

Dejaremos para el final la poda de árboles con formación en copa o vaso.

¿Cuándo debemos podar?

Desde que se produce la caída de la hoja en Diciembre/Enero, hasta finales de Marzo o primeros de Abril.

Hay quien apura a podar incluso durante todo el mes de Abril, no me parece adecuado, son frutales de pepita y no es bueno podar con la savia en movimiento.

Lo primero de todo, es que tenemos que tener un mínimo de herramientas imprescindibles para esta labor, por ejemplo:

Tijeras manuales para ramas de poco grosor, tijeras sobre mango telescópico para las partes altas, tenazas para ramas más gruesas, serrote de poda para ramas muy gruesas, un frasco de alcohol (mejor en spray) y un paño, para desinfectar la herramienta y evitar la propagación de plagas o enfermedades. El alcohol, podemos diluirlo con un 40 ó 50% de agua y habría que desinfectar cada vez que podamos un árbol.

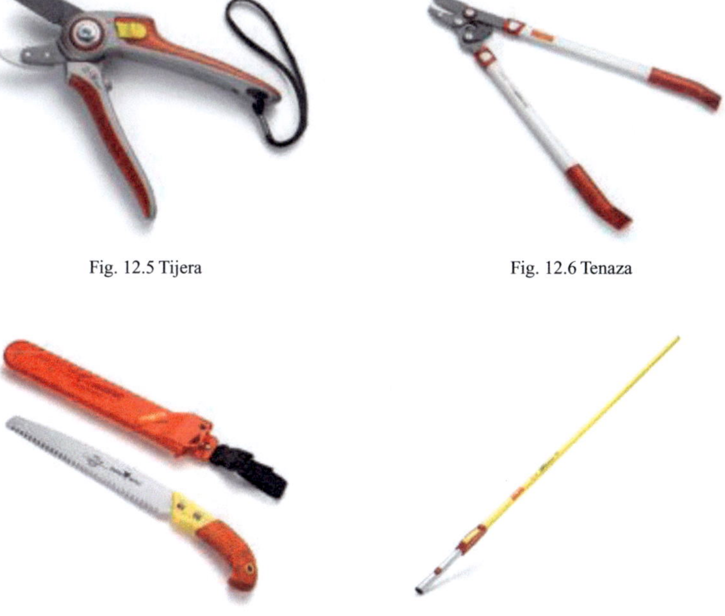

Fig. 12.5 Tijera

Fig. 12.6 Tenaza

Fig. 12.7 Serrote

Fig. 12.8 Mango (fuente Outils Wolf)

Esto es lo mínimo que deberíamos tener.

Ahora bien, hay en el mercado herramientas a motor, que incluso funcionan sobre mangos telescópicos que facilitan muchísimo la labor.

Cada uno debe equiparse en la medida de sus posibilidades y de acuerdo con la rentabilidad que va a obtener de su plantación.

Tened en cuenta que la poda es una vez al año, por lo que invertir mucho dinero en herramientas que se pasan la mayor parte del tiempo en la estantería de nuestro almacén, es alargar demasiado el plazo de su amortización, por lo que debemos de ser cautos con este tema.

Aunque las tijeras las cogemos con una sola mano, debemos podar con las dos a la vez, es decir, poda tanto una mano como la otra.

Veamos.

Cogemos la tijera con la mano que solemos trabajar habitualmente, derecha o izquierda, es igual. La hoja de corte de la tijera, debe estar siempre lo más cerca del tronco o de la rama principal.

Con la otra mano, sujetamos la rama que vamos a cortar.

Al mismo tiempo que efectuamos el corte, con la otra mano hacemos una pequeña presión a la rama hacia abajo, veremos con qué facilidad se corta.

Hacer una prueba y cortar una rama sólo con la tijera y a una mano, sin hacer la presión sobre la rama, veréis que cuesta mucho trabajo y terminaréis con la muñeca dolorida.

Fig. 12.9 Posición correcta de poda con tijera

Hacerlo después correctamente y veréis la diferencia.

El corte debe ser limpio, sin desgarros y a ras con el tronco o la rama.

En caso de cortar una rama muy gruesa con serrote, la técnica es a la inversa, o sea:

El serrote lo manejamos con una sola mano, cortando lo más cerca del tronco posible, con la otra mano sujetamos la rama por la parte inferior, sosteniéndola, ya que al ser tan grande, por su propio peso a medida que vamos cortando va a romper por el corte produciendo un desgarro en el árbol. Esto hay que evitarlo, por eso es necesario sujetarla para que no baje, y sin presionar hacia arriba, porque entonces no seremos capaces de manejar bien el serrucho.

Fig. 12.10 Posición correcta de poda con serrucho

En caso de desgarro, deberíamos aplicar algún producto cicatrizante, para evitar enfermedades que pueden producir la infección.

Pensar que cada corte que hagamos al árbol, es una herida que le estamos produciendo.

Uno de los primeros maestros, de los que he aprendido muchísimas cosas que figuran en este libro, siempre nos decía que:

"EL MEJOR PODADOR, ES EL QUE OLVIDA LA TIJERA EN CASA"

Claro, nunca debemos llegar con la herramienta en la mano y empezar a cortar de cualquier manera.

Primero, tenemos que observar bien al manzano, saber qué tipo de árbol tenemos delante para ver cuál va a ser su reacción y qué defectos observamos en su formación.

El árbol no se poda para que esté más bonito, tampoco para reducir su tamaño.

La poda debe servir únicamente para reconducir una mala formación del árbol y para ayudarlo a una mejor producción.

No todos los árboles son iguales, aunque todos sean manzanos, tienen distintas características y debemos conocerlas, ya que no se podan igual unos que otros.

En capítulos anteriores, ya había comentado, que personalmente, me gusta respetar la genética del árbol, es decir, dejarlo que se forme como él quiera formarse.

Basándose en esto, y dejándolo crecer "libre", veremos que adopta tres formas distintas:

Fig. 12.11 Basitónico

Fig. 12.12 Acrotónico

Fig. 12.13 Mesotónico

El basitónico, es un árbol vigoroso, con tendencia a un crecimiento mayor de las ramas inferiores que las superiores, y con ángulos más bien cerrados.

Este vigor, provoca un retraso en la entrada en producción del árbol y una tendencia a la vecería.

El acrotónico, es un árbol débil, las ramas superiores tienden a crecer más que las inferiores, lo que provoca su arqueamiento y una entrada en producción muy rápida. Es muy vecero.

El mesotónico, podríamos decir que es un intermedio entre ambos, no dominan ni las ramas superiores, ni las inferiores, suelen tener más crecimiento las intermedias, y con ángulos, más bien abiertos.

Tiene una entrada en producción bastante rápida y se deja manejar con mayor facilidad.

Observad las fotos reales de los tres tipos de árbol.

Fig. 12.14 Basitónico-variedad Verdialona

Fig. 12.15 Acrotónico - variedad Regona

Fig. 12.16 Mesotónico - variedad Durona de Tresali

Es muy importante conocer una serie de conceptos, a tener en cuenta para tratar estos tres tipos de árbol.

Lo primero, es que no debemos confundir vigor con crecimiento, son cosas distintas.

El crecimiento es algo que tiene que hacer el árbol todos los años, sea joven o adulto, un árbol joven en fase de desarrollo, puede tener un crecimiento en rama de más de 50 cm. A medida que aumente su ramificación el crecimiento menguará y se repartirá por todas las ramas.

Un árbol adulto en plena producción, (pensar en uno de 10 ó 15 años), tendrá crecimientos en rama de 6 a 10 cm. aproximadamente, se puede ver perfectamente en primavera este crecimiento en la parte final de las ramas, cómo se desarrollan unos brotes tiernos.

El vigor y la debilidad, lo deberíamos considerar como una enfermedad que tenemos que curar necesariamente.

El vigor, tiende a más vigor.

La debilidad, tiende a más debilidad.

El vigor jamás se controlará con podas agresivas, habrá cada vez más vigor.

Sólo se controlará frenando su demanda de savia.

La raíz envía savia a la copa, en función de la demanda de ésta.

¿Y cómo podemos conseguir que sus ramas demanden menos savia a la raíz?

Fácil, éste tipo de árbol, tal como ya había comentado genera ramas muy fuertes, tanto en longitud, como en grosor.

Hay que fijarse bien, casi siempre tendrá una o dos ramas muy gruesas que entran en competencia con el eje, las suele tener siempre en la parte inferior, aunque no debemos desechar que también tenga alguna hacia la mitad del árbol (Fig. 12.17).

"CORTARLAS".

Al no haber demanda de savia por parte de estas ramas, el árbol perderá una gran parte de su vigor.

A partir de ahora, entrará más rápido en producción, esto también le restará vigor, y al mismo tiempo el peso de la fruta arqueará sus ramas convirtiéndolo prácticamente en un árbol MESOTÓNICO.

La debilidad de un árbol ACROTÓNICO, no es tan fácil de corregir, habría que vigorizarlo, para que produzca rama nueva, para poder ir sustituyendo las viejas, ya que éstas sufren demasiado desgaste, debido a su arqueamiento.

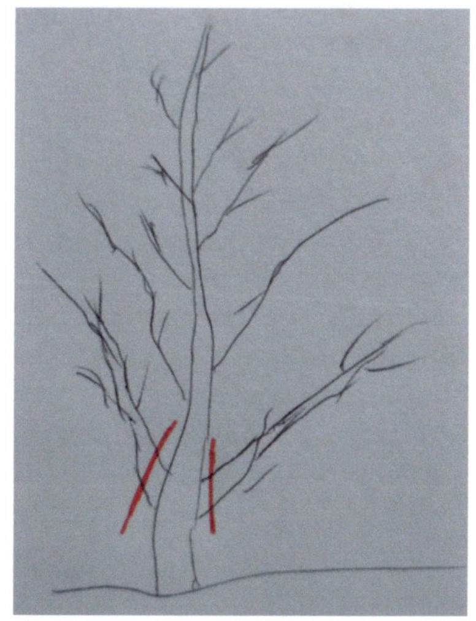

Fig. 12.17

Una forma de meterle un poco de vigor, podría ser eliminando totalmente todos los puntos de fructificación, cuando se espera que vaya a tener una gran cosecha.

Es decir, en primavera eliminaríamos todos los botones florales, tanto en pre-floración, en plena floración o incluso en post-floración, o sea, dejarlo otro año más sin producción.

De esta manera, produciría ramas nuevas, que podrían sustituir las viejas en la siguiente poda.

Por las características de este árbol, debemos controlar muy bien la producción, para evitar que tenga grandes cosechas, ya que, tal como he comentado sus ramas arqueadas sufren mucho desgaste, y con el paso de los años, veremos que cada vez produce manzana más pequeña.

El MESOTÓNICO, no requiere una atención tan especial como los anteriores, ya que es un árbol muy bien formado y sólo necesita podas de aclareo que vamos a ver a continuación y control de su producción para evitar la vecería.

Ya veis lo importante que es conocer bien a nuestro árboles, saber en todo momento con qué tipo de árbol nos estamos enfrentando y procurando, sobre todo en árboles vigorosos evitar en lo posible podas muy severas.

Conocidos los tres tipos de árbol, vamos a conocer ahora dos tipos de poda.

Poda generalizada y poda efectiva.

La poda generalizada, la deberíamos hacer todos los años, para orientar la ramificación y vegetación del árbol, así como la eliminación de ramas perjudiciales.

La poda efectiva la haremos año sí y año no, en función de la vecería, su objetivo es el control de la producción del árbol.

PODA GENERALIZADA

Consiste en una poda de aclareo, es decir, eliminamos ramas en su totalidad, que no nos convienen, evitando en lo posible los despuntes.

Respetando siempre el orden de jerarquía o preponderancia, o sea:

Ninguna rama principal puede tener un grosor similar al eje central, llegando a entrar en competencia, por tanto, debemos de eliminarla.

Ninguna rama secundaria puede llegar a tener un grosor similar a la rama principal, hay que eliminarla para evitar que entren en competencia.

Y así sucesivamente.

Vamos a ver ahora de acuerdo con el dibujo, las ramas que nos pueden perjudicar y que debemos eliminar:

Nº 1: Añales, son ramas que salen en la parte inferior, por debajo del injerto, debemos eliminarlas no nos aportan nada y consumen savia y nutrientes.

Nº 2: Ramas demasiado bajas, que nos van a perjudicar para el mantenimiento de la pumarada.

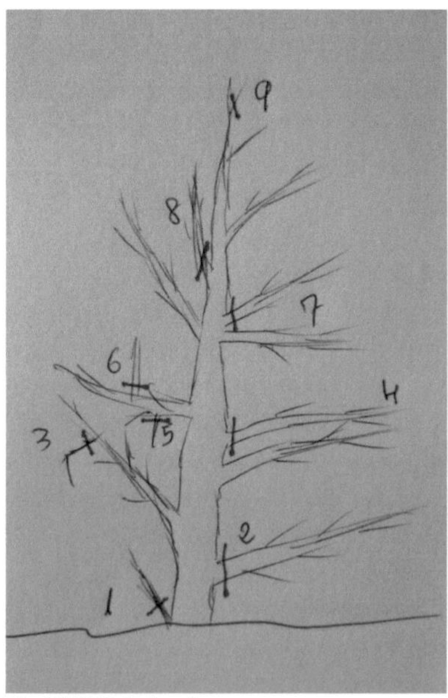

Fig. 12.18 Poda de aclareo

Deberíamos dejar sin ramas, una altura de al menos 1 m. con respecto del suelo.

Nº 3: Ramas rotas, eliminar totalmente, ya producirá ramas nuevas.

Nº 4: Ramas superpuestas que ocupan prácticamente el mismo espacio y dirección, se dan sombra y se perjudican entre sí. Eliminar una de ellas. Procurar que entre rama y rama haya al menos un espacio de 25 a 30 cm. como mínimo.

Nº 5: Ramas secundarias que se descuelgan por la parte inferior de la principal, son ramas débiles, que de producir fruto, será de mala calidad, debemos eliminarlas.

Nº 6: Chupones, eliminar en su totalidad. Son ramas demasiado vigorosas, con crecimientos desmesurados, que consumen gran cantidad de savia.

En caso de tener mucho espacio libre, se pueden aprovechar como ramas, para lo cual, deberíamos arquearlos, hasta ponerlos en una posición casi horizontal, perderán vigor y es posible que se terminen convirtiendo en una rama productiva.

Nº7: Ramas que nacen en el perímetro del eje, partiendo todas del mismo plano, debemos eliminar, dejando una sola rama.

Al arquear con el peso de la fruta hacen una fuerte presión en el tronco, y al presionar todas a la vez en el mismo punto, obstruyen el paso de la savia, produciendo un estrangulamiento del eje.

Nº 8: Ramas con ángulos muy cerrados, son ramas que crecen muy pegadas al eje, prácticamente como si fueran chupones, hay que eliminarlas, ya que son muy vigorosas y no entrarán en producción, sino que competirán con el eje.

No confundir con las ramas de un árbol basitónico, éstas tienen el ángulo un poco más abierto.

Nº 9: Ramas apicales que entran en competencia con el eje, hay que eliminarlas mientras el árbol esté en crecimiento, dejando libre unos 30 cm. en cuanto entre en producción, seguro que el eje arqueará con el peso de la fruta, no nos debe preocupar, porque generará uno nuevo.

Con estos nueve puntos que tenemos que conocer, hacemos una buena poda de aclareo, y tendremos al árbol, con las ramas adecuadas para su desarrollo.

Es posible que al describir los nueve puntos sobre el mismo dibujo, pensáis que se trata de una poda muy drástica, eliminando la mayor parte de las ramas del árbol.

Todo lo contrario, este tipo de poda, la tenemos que ir haciendo año a año, desde que plantamos el árbol, de esta manera, con una o dos ramas que podemos cada año, lo tendremos controlado. A medida que vaya creciendo, aumentará su ramificación y tendremos que eliminar alguna rama más, pero, al menos en árboles de vigor medio, con eliminar algunas de estas ramas que acabamos de describir, tendremos la poda terminada.

Si queremos perfeccionar más aún y lucirnos con una buena poda, podríamos generar una CHIMENEA.

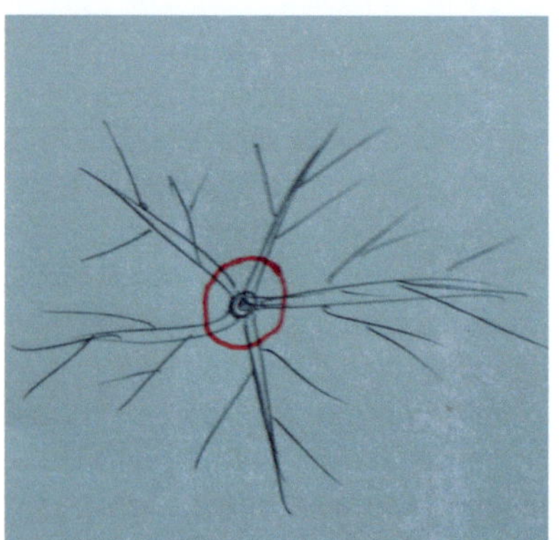

Fig. 12.19 Chimenea

Consiste en dejar alrededor del eje central y a todo el largo del mismo, un perímetro de unos 15/20 cm. sin una sola rama, ni hoja, ni nada, de esta manera generamos un espacio en vertical que facilita la entrada de aire y la consiguiente oxigenación del árbol en su interior.

Es muy importante, observar, sobre todo en invierno, que muchas ramas, incluso el tronco, están cubiertos de escamas. Son hongos producidos por la humedad y falta de ventilación.

No son preocupantes, pero es mejor que no los hubieran.

Este tipo de poda por aclareo, para árboles con formación en eje central, como podéis ver, es bastante sencilla, fácil de entender y muy rápida en su ejecución.

Haciéndola todos los años, para no dejar que el árbol se cargue de mucha vegetación, tendremos una pumarada en muy buenas condiciones.

Más complicado es cuando queremos formar un árbol en vaso.

No es complicado, es que al querer formarlo de una manera que no es la suya, se va rebelar en contra nuestra, tendiendo a vigorizarse, por lo que tenemos que prestarle mucha atención continuamente, ya que si lo dejamos un poco, comenzará a generar demasiado ramaje y vegetación.

Este tipo, comienza con la poda de formación.

En el momento que plantamos el árbol, tenemos que despuntarlo, a una altura aconsejable de 1 a 1,20 m. con respecto al suelo.

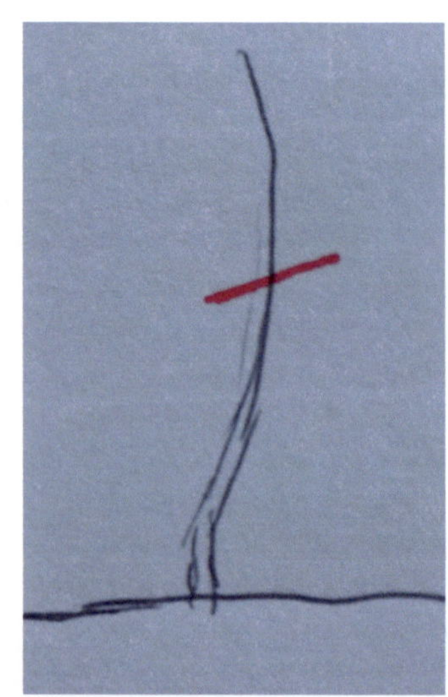

Fig. 12.20 Año de plantación

Al año siguiente, veremos que habrá generado tres o más ramas.

Debemos de elegir tres, que tengan una inclinación con respecto del tronco, de unos 45º. Estas serán las ramas primarias o principales.

Volvemos a despuntar estas tres ramas, siempre por encima de una yema.

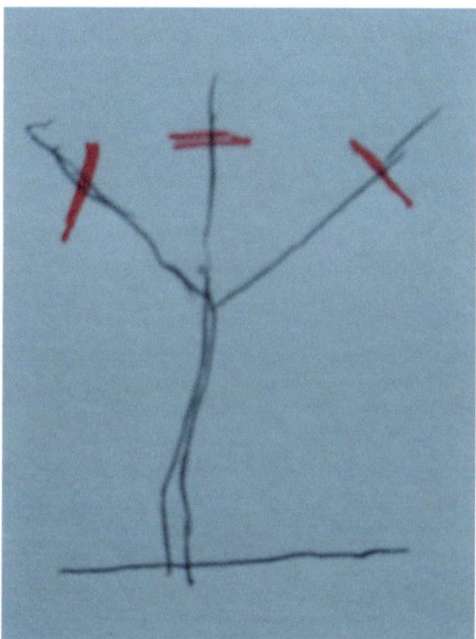
Fig. 12.21 Primer año de plantación

Al segundo año, veremos que cada rama habrá generado otras tres o más ramas. Estas al nacer de una rama principal, serán ramas secundarias.

Tenemos que despuntarlas, mínimo a tres yemas, y cortando siempre por encima de la yema.

Volverán a nacer más ramas sobre éstas secundarias, por lo que se convertirán en ramas terciarias.

Llegamos por tanto al tercer año y tendremos el árbol prácticamente formado.

Ahora dejaremos la poda de formación, y comenzaremos con la poda de producción.

Debemos dejar de despuntar, ya que cuanto más lo hagamos, más ramas va a producir, y con tanto despunte, lo que es-

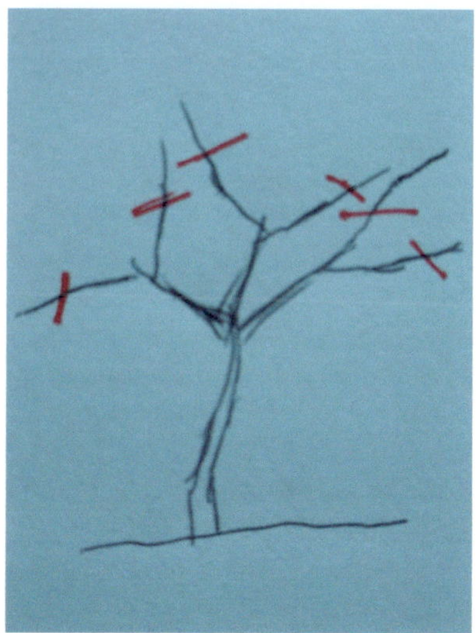
Fig. 12.22 Segundo año de plantación

Fig. 12.23 Tercer año de plantación

tamos haciendo es vigorizar al árbol y ya sabéis el dicho: el vigor, induce a más vigor.

¿Cómo debemos de tratar al árbol ahora? Lo más efectivo, es considerar cada una de las tres ramas principales, como si fueran un árbol en eje central, o sea:

Poda por aclareo de rama por rama de las tres principales. Sin despuntar, lo que tengamos que cortar, hay que hacerlo totalmente y tanto en éstas, como en las secundarias, como en las terciarias, eliminaremos las ramas que habíamos comentado para el árbol con formación en eje central, es decir:

- Ramas que no respetan el orden de jerarquía entrando en competencia.
- Ramas con ángulos muy cerrados.
- Ramas que se entrecruzan entre sí.
- Ramas que se sombrean una sobre otra, ocupando el mismo espacio.
- Chupones.
- Ramas rotas.
- Ramas que se descuelgan hacia abajo.
- Ramas que salen varias del mismo punto, estrangulamiento.

De esta manera, irá perdiendo algo de vigor y comenzará a producir. A partir de este momento la poda será siempre igual, año a año, y no debemos dejarlo bajo ningún concepto ya que este tipo de formación tiende a ramificar por todas las ramas, formándose muchos cruzamientos, el árbol tenderá a generar un eje central. En fin, que puede llegar a convertirse en un árbol de difícil mantenimiento.

Fig. 12.24 Formación en vaso o copa

Tanto en la formación eje central, como en vaso, si seguimos estos consejos, haciendo las cosas sin precipitarse, fijándose bien en el árbol y prescindiendo de las ramas que sabéis que están demás, tendremos una pumarada muy manejable y veréis que año tras año, la poda es muy sencilla y rápida.

Llega el verano, y en los meses de Junio/Julio, deberíamos darle un vistazo a todos los árboles, uno por uno.

Nos vamos a encontrar, con chupones, ramas nuevas tiernas, que es posible que algunas de éstas no nos interesen.

Debemos eliminarlas, es lo que llamamos PODA DE VERANO.

Prácticamente, no hace falta ni tijera, a mano, todo este tipo de rama joven se arrancan con mucha facilidad.

Pero si vemos que hay un chupón y que a su izquierda o derecha, hay un espacio importante sin ramas, podríamos ocuparlo con él, convirtiéndolo en una rama productiva.

Para éllo, debemos doblarlo, hasta ponerlo en situación casi horizontal, sujetándolo con una cuerda o alambre y dejándolo en esa posición hasta la próxima poda.

Cuidado al doblarlo, que si tiramos de él hacia abajo, lo más seguro, es que se rompa.

Al tirar de él, debemos hacerlo en semi-círculo y hacia abajo, de esta manera, seguro que no se rompe.

Veremos que perderá su vigor e irá ramificando como cualquier otra rama.

Seguro que con estos conceptos, tendréis bastante claro cómo se realiza la poda generalizada. Que no se olvide que debéis de hacerla todos los años, tengamos cosecha o no.

Caso distinto, es lo que denominamos PODA EFECTIVA.

Esta poda, está dirigida exclusivamente a corregir la vecería o alternancia.

Por tanto la haremos en años alternos, en consonancia con la vecería.

Vamos a hacer un pequeño repaso:

Habíamos comentado en el capítulo en el que hemos tratado la INHIBICIÓN DE LA INDUCCIÓN FLORAL, que esta función, está relacionada con la vegetación, exceso de hojas, producción con poca manzana, es decir:

Mucha vegetación = poca producción y viceversa.

Recordar que con mucha vegetación, se van a producir muchísimas yemas. Como tenemos poca producción, o sea, muy pocas pepitas, no van a evitar que éstas se transformen en yemas florales y que el año siguiente, se nos presente con una cosecha totalmente desproporcionada.

ÉSTO ES LO QUE TENEMOS QUE EVITAR CON LA PODA EFECTIVA.

El año que esperamos esa gran cosecha, una vez realizada la poda generalizada, volvemos a dar un repaso a todos los árboles, rama por rama, para eliminar la mayor cantidad posible de puntos de fructificación, con el fin de evitar que tengamos esa cosecha tan grande, de este modo, garantizamos retorno floral para el año siguiente, y así, poco a poco, iremos consiguiendo que el árbol coja un equilibrio en su producción.

Se calcula, que un árbol con buen equilibrio, debería tener 6 puntos de fructificación por cm^2 de sección de rama.

El número de puntos, se calculan en función de su diámetro, aplicando la siguiente fórmula:

SUPERFICIE DE RAMA = (3,1416 x Ø de $rama^2/4$)

EJEMPLO:

Partimos de una rama de 2 cm. de diámetro:

SUPERFICIE = (3,1416 x $2^2/4$) = 3,14 cm^2.

3,14 x 6 = 19 puntos de fructificación en rama.

Si partimos de una rama de 3 cm. de diámetro, el resultado sería:

SUPERFICIE = $(3,1416 \times 3^2/4) = 7,06 \text{ cm}^2$

7,06 x 6 = 42 puntos de fructificación en rama.

(Fuente el SERIDA)

Damos a conocer esta fórmula, ya que es muy interesante saber los puntos de fructificación que puede soportar una rama. No se pretende que tengáis que llevar una calculadora para ir a podar, sino que tengáis una referencia y algo en qué se basar para llegar a controlar lo mejor posible el equilibrio y la producción del árbol.

Hay plantillas, donde ya nos indican el número de puntos por rama.

Fig. 12.25 (Fuente: josé antonio yuri)

Fig. 12.26 Rama productiva

Fig. 12.27 Piño por exceso de producción (fuente agroinformación.com)

Todo lo que es información, no sobra.

No vendría mal, que retrocedierais al capítulo de las yemas, para distinguir perfectamente las florales, ya que éstas son las que están en las ramas productivas y las que deberíamos eliminar para evitar la COSECHONA.

En la foto "12.26", vemos una rama que puede tener unos 40 cm de longitud, en ese espacio, se puede observar que hay varias bolsas de fruta, varios dardos y brindillas, en total puede haber unas 15 ó 16 yemas florales.

Pensar que cada yema, nos puede dar hasta 5 ó 6 flores.

Imaginar una buena primavera y una buena polinización, con que cuajen fruto el 30% de las flores, nos podemos encontrar con 30 ó 40 manzanas en esa rama.

Sería insostenible, se formarían unos cuantos piños, prácticamente no habría hojas, y por tanto la función fotosintética sería mínima y no se formarían nuevos brotes florales.

Resultado, manzana que no se va a formar bien, muchas se caerán, el resto no van a crecer, mala calidad del fruto y en definitiva, al siguiente año, cosecha "0".

¿Qué deberíamos hacer volviendo a la figura 12.26?

Se eliminarían todos los botones florales que salen por la parte inferior de la rama, del resto iría eliminando dejando una separación entre ellos de 10 a 15 cm.

En resumen, me quedaría únicamente con 4 ó 5 puntos de fructificación.

En ésto consiste la PODA SELECTIVA, en aplicar en cada rama este criterio. Comprobaréis que los resultados son espectaculares.

Sé que es difícil, nos duele eliminar yemas, siempre vamos a tener tendencia a quitar menos de la cuenta, pero no os quepa la menor duda de que es el camino que se debe seguir.

Puede ocurrir que llegada la primavera, venga con una climatología muy adversa, frío, mucha lluvia y que los polinizadores no acudan a hacer su trabajo.

Puede pasar, que entre lo que hemos quitado, y la poca polinización que va a haber, nos quedemos sin cosecha.

Es igual, esto no nos puede frenar, nosotros tenemos que hacer nuestro trabajo. Si luego la climatología no ayuda, "mala suerte". Al año siguiente, volveremos a hacer lo mismo otra vez, y así hasta conseguir nuestro objetivo, que es tener una producción de fruta regular y de buena calidad.

NADA NOS DEBE APARTAR DE ESTE OBJETIVO.

¿Y qué deberíamos hacer en el caso opuesto, es decir, cuando el año anterior hemos tenido una gran cosecha y este año, lógicamente no esperamos nada?

Pues todo lo contrario, no sólo no eliminar ni un solo punto de fructificación, sino, que cuidar con mimo los que tengamos.

Es normal que al hacer la poda generalizada, cortamos una rama, tiramos de ella y la vamos rozando con otras ramas y arrancado muchos puntos productivos.

Es muy difícil de evitar, pero hasta en eso deberíamos ser cuidadosos.

Hasta aquí, hemos tratado los métodos de mantenimiento en pumaradas pequeñas, donde no nos queda otra forma que hacerlo manualmente.

Vamos a tratar a continuación los métodos que se emplean para pumaradas grandes.

Podemos denominarlos métodos industriales o mecanizados.

Es evidente que pumaradas de una gran extensión, hablamos de varias hectáreas, requieren de una gran inversión, no solo en parcela, plantación, riego etc., también en una gran infraestructura a nivel de maquinaria industrial, tractor equipado con: sistema de discos para poda, recogedor y triturador de restos de poda, vibrador para tirar la manzana, cosechadora, remolque transportador, instalación para lavado y selección de manzana, abonadora, sulfatadora, etc.

Sin ésto, este tipo de pumaradas serían anti rentables a todas luces.

Los tiempos de abonado, poda, recogida, son muy cortos, casi no habría tiempo de hacerlo de forma manual, salvo que se de empleo a muchísima mano de obra, por lo tanto, los costes de producción se elevarían a cifras totalmente insostenibles.

Los criterios de abonado y riego, no varían en relación a lo comentado anteriormente para pumaradas pequeñas, seguiremos los mismo criterios.

Sólo que en este caso, los sistemas de trabajo serán totalmente mecanizados.

En la zona norte, se realiza solo un tipo de poda generalizada a nivel industrial, que consiste en acoplar al tractor un sistema de discos de corte.

La máquina entra por las calles de la pumarada, cortando de forma indiscriminada el lateral de una fila de árboles, y retrocedería por la misma calle, haciendo lo mismo a la otra fila.

Fig. 12.28 Poda con discos (fuente tecnogranja)

Este tipo de poda indiscriminada, os daréis cuenta que no es nada selectiva, la máquina corta todo, sea necesario o no.

Se pretende exclusivamente evitar el crecimiento excesivo de las ramas, que pueden llegar a cerrar prácticamente las calles, dificultando los mantenimientos, y evitando la entrada de sol y ventilación.

Se suele hacer un pequeño repaso manual a determinados árboles, con alguna rama rota, excesivamente gruesa etc.

En Francia y también en zonas de Cataluña y Aragón, están en período de pruebas para hacer aclareos o podas efectivas, con una sistema conocido como DARWIN, consiste en una especie de rodillo, provisto de hilos metálicos, que se acopla al tractor y se le hace girar a unas 350 rpm., los hilos penetran entre las ramas eliminando muchos puntos de fructificación.

Fig. 12.29 Raleadora darwin (fuente frui tec)

Es más efectiva en Francia, ya que en las pumaradas emplean el sistema de plantación que denominan "en muro", consiste en árboles con una ramificación más corta y plantados a menos distancia, en función del patrón utilizado.

En nuestra sistema de plantación utilizamos marcos más distantes y ramificaciones más largas, por lo que, la máquina no puede arrimarse mucho a la fila y no penetra bien entre ramas.

En resumen, se trata de procesos de mecanización que están en período de prueba y todo parece indicar que el futuro va en esta dirección, incluso no se debería desechar el sistema de plantación en muro, ya que al parecer los tiempos de mantenimiento de la pumarada se reducen considerablemente y al ser una plantación más intensiva, no se reduce la producción obtenida.

Fig. 12.30 Plantación en muro (fuente Inia)

MÉTODOS DIRECTOS

Hemos hecho un repaso de los métodos indirectos, encaminados a regularizar la producción del manzano.

Es evidente que requieren mucha atención y mucho trabajo, pero, no hay otro camino, al menos, para pumaradas pequeñas.

Distinto es para grandes extensiones de plantación, donde con éstos sistemas difícilmente conseguirían resolver el problema.

En este tipo de plantaciones los métodos a utilizar, están encaminados hacia LOS ACLAREOS de flor, fruto, o de ambos a la vez.

Son más efectivos y se reducen los plazos para conseguir la regularidad en la producción.

No hace falta comentar que los aclareos, se deben realizar alternativamente, igual que la poda efectiva, es decir, habría que hacerlos el año que esperamos una gran cosecha.

Vamos a conocer a continuación los sistemas empleados para hacer ACLAREOS.

Manual, mecánico o químico a base de fitorreguladores.

Evidentemente el aclareo manual, queda reducido exclusivamente a muy pequeñas plantaciones, ya que es mucho trabajo el que hay que realizar y ni siquiera habría tiempo material para hacerlo.

Personalmente he hecho este tipo de aclareo sobre fruta, en dos ocasiones y en cuatro árboles de variedad Florina.

El resultado ha sido espectacular, pero lleva mucho tiempo.

Ya que los aclareos se pueden hacer sobre flor o fruta, he de decir que al hacerlos manualmente, mi consejo es que nos olvidemos de hacerlos sobre flor.

¿Razones? Muy sencillo, "no sé cómo se pueden hacer".

Algunos profesionales hablan de hacerlo utilizando el vibrador del tractor.

En primer lugar, hay que decir que utilizar medios mecánicos en pumaradas muy pequeñas, resulta totalmente anti-rentable.

En segundo lugar, con el vibrador es imposible controlar la cantidad de flor que queremos eliminar.

Incluso, existen comentarios de que algunos cosecheros, emplean varas largas de avellano, para golpear las ramas y tirar la flor.

En fin, cosas que me parecen auténticas barbaridades que me cuesta trabajo creer.

De cualquier manera, no soy quién para criticar la forma de hacer las cosas los demás, no es esa mi intención, trato únicamente de razonar empleando siempre la lógica.

Y ésta me dice que cuando queramos hacer aclareo de flor o fruto, tenemos que saber, qué cantidad debemos eliminar.

No obstante cada uno es libre de actuar a su manera, incluso, puede ser que tengan experiencias positivas al respecto.

Nos vamos a centrar en aclareos de fruta.

De nuevo traemos a colación el tema de la INHIBICIÓN DE LA INDUCCIÓN FLORAL.

Recordar que las pepitas actúan cuando la manzana está formada y llega a los 15/20 mm. Con este tamaño, nos aseguramos que está bien cuajada y no va a caer por sí sola, es por tanto en este momento cuando tenemos que hacer el trabajo de aclareo y hacerlo lo más rápido posible, tened en cuenta que a partir de ese tamaño comienza a emitir las hormonas de la inhibición y entonces ya será demasiado tarde.

Recordad el tamaño de una avellana, para que nos sirva de referencia para actuar.

Bien, el aclareo manual sobre fruta, consiste en ir rama por rama del árbol y con una tijera o unas pequeñas alicates de corte e ir tirando al suelo las manzanas que nos sobran.

Es muy importante el uso de tijeras o alicates, tal como he indicado, porque si pretendéis arrancar las manzanas a mano, os resultará muy difícil, si están bien cuajadas, arrancan muy mal y más de una vez terminaréis o bien arrancando el piño completo o incluso rompiendo la rama.

Así, no se hacen las cosas. Hay que ir cortando una a una las manzanas, eligiendo siempre, las más pequeñas, las más sombrías y sobre todo cuando nos encontremos con un piño de cuatro o cinco, dejar solo una, o como mucho dos.

Procurar que a lo largo de la rama, entre manzana y manzana, quede como mínimo un espacio de unos 10 cm.

Y muy importante, procurar no cortar hojas.

Este sistema es de una efectividad impresionante, pero, reduciéndolo a un número muy pequeño de árboles.

Hay productores, que lo hacen alternativamente, el año que toca aclareo, lo hacen a un número de árboles y cuando vuelva a tocar, lo hacen a otros, hasta hacer la pumarada entera. Es un sistema, muy lento, pero efectivo.

En pumaradas de gran extensión, este sistema, es inviable, no queda más remedio que trabajar con aclareos mecánicos sobre flor o sobre fruta, con fitorreguladores, tal como hacen en plantaciones de manzana de mesa, donde no les queda más remedio que asegurar una producción todos los años.

Fig. 12.31 Antes del aclareo manual

Fig. 12.32 Después del aclareo manual

ACLAREO MECÁNICO SOBRE FLOR

Este sistema se emplea como ya he comentado anteriormente en grandes pumaradas intensivas, con sistema de plantación en muro, aunque para el aclareo de flor, hay máquinas con rodillos inclinables y de hilo de Nylon, que se adaptan mejor a árboles con ramaje mayor.

Fig. 12.33 Máquina eclairvale 2500 (fuente Lacannevale)

Tal como he comentado anteriormente, este sistema se emplea cada vez más en países como Francia. En nuestro país, en las zonas manzaneras de mesa, Aragón y Cataluña, también están trabajando con estos sistemas, pero en plan más bien experimental.

Se trata de actuar en plena floración, de una forma similar al sistema de poda con discos, la máquina provista de rodillo que giran sobre 350 rpm, y con posibilidad de inclinación para tener más penetración por el ramaje, irá por la calle eliminado flor a una fila y retrocederá haciendo la mismo por la otra.

Fig. 12.34 Aclareo con máquina darwin (fuente virtual Market Place)

No tengo muy claro que estos sistemas sean efectivos hoy día en las plantaciones que tenemos en la zona norte, con sistemas de plantación semi-intensivos, incluso francos, con ramaje muy grandes, pienso que esta maquinaria perdería mucha efectividad. No obstante, hay que decir que son sistemas de última generación y que nunca debemos desechar los avances técnicos. Antes he comentado que no debemos desechar la forma de plantación en muro, estos sistemas sí funcionan en ese sistema de plantación, por lo que los grandes productores de manzana debería comenzar a estudiarlo.

ACLAREO QUÍMICO

El manzano, lo mismo que otros frutales, tienen tendencia a producir más frutos de la cuenta, incluso cuando no están en vecería y tienen una producción más o menos regular.

Esto hace que muchos frutos dedicados a la comercialización, no se desarrollen bien, y no alcancen la calidad mínima exigida.

El aclareo de frutos tiene como objetivo conseguir una producción con frutos de calidad, de buen tamaño y buena presencia.

Mejor contenido de azúcares, nutrientes, aromas etc.

Y por supuesto conseguir el retorno floral para árboles en vecería, con el fin de asegurar una producción regular todos los años.

Vamos a conocer los productos comerciales más utilizados en los aclareos con fitorreguladores:

ACLAREOS DE FLOR:

CURATIO (Apto para agricultura ecológica)
Materia activa: Polisulfuro de Calcio.
Dosis: 3 l. por 100 l. de agua
Volumen por Ha: 1.000 l. de caldo.

JABÓN POTÁSICO (Apto para agricultura ecológica)
Solución potásica concentrado al 40%.
7% de Óxido de Potasio (K_2O) soluble en agua.
Dosis, 4 l. por 100 l. de agua
Producto concentrado biodegradable, no contiene biocidas, ni venenos.
100% natural.

ACLAREOS DE FRUTO

ANA (Acido Naftaleno Acético)
Nombre comercial: ETIFIX
Materia activa: Naftaleno
Dosis: 100/150 gr. por 100 l. de agua
Tamaño de fruto: 10 a 15 mm.
Volumen por Ha: 1.000 l. de caldo

ANA (Ácido Naftaleno Acético)
Nombre comercial: RHODOFIX
Materia activa: Naftaleno
Dosis: 100/150 gr. por 100 l. de agua
Tamaño de fruto: 10 a 15 mm.
Volumen por Ha: 1.000 l. de caldo

GLOBARYLL 100
Materia activa: Benziladenina
Dosis: 0,15 l. por 100 l. de agua
Tamaño del fruto: 10 a 13 mm.
Volumen por Ha: 1.000 l. de caldo

MAXCEL
Materia activa: Benziladenina
Dosis: 500/750 ml. por 100 l. de agua
Tamaño del fruto: 7 a 10 mm.
Volumen por Ha: 1.000 l. de caldo

FRUITEL
Materia activa: Etefon
Dosis: 50/75 ml. por 100 l. de agua
Tamaño del fruto: 10/15 mm.
Volumen por Ha: 1.000 l.de caldo

ETHEREL 48
Materia activa: Etefon
Dosis: 50/75 ml. por 100 l. de agua
Tamaño del fruto: 10/15 mm.
Volumen por Ha: 1.000 l de caldo

AGROMOJANTE
Se aplica para aumentar el poder y la persistencia de los fitorreguladores

Materia activa: Alquil-Poliglicol
Dosis: 100 ml. por 100 l. de agua
Volumen por Ha: 1.000 l. de caldo

Países de nuestro entorno como Francia, Italia etc., y a nivel nacional regiones como Cataluña y Aragón, tienen más experiencia en el uso de los fitorreguladores.

En la zona norte, no hemos tenido esa necesidad, ya que la mayor parte de la producción, va encaminada a manzana de sidra y no es tan importante el tamaño y la presencia. Se mira más como es lógico, el rendimiento en mosto, azúcares, fenoles etc.

No obstante, la vecería acrecentada en los últimos años, con la entrada en producción de nuevas pumaradas, así como el freno al desarrollo de la D.O.P. Sidra de Asturias, por la alternancia en las cosechas, no queda más remedio que empezar con el uso de estos productos para corregir el problema y obtener una producción adecuada..

Hay que empezar con cautela, ver el rendimiento de estos productos en un clima húmedo como el nuestro e ir cogiendo experiencia.

No se trata de elegir uno de los productos indicado, llenar una mochila o una máquina automática y proceder a sulfatar, no es así como funcionan.

Tenemos que establecer un programa de actuación, que viene precedido, tal como se ha indicado en capítulos anteriores, del abonado, riego y poda.

Los aclareos con fitorreguladores debemos hacerlos por variedades, en función de la fecha de floración y cuajado de fruto de las mismas.

Lo mismo que anteriormente en los aclareos manuales, prescindía de hacerlos sobre la flor, en este caso es al revés, es más interesante actuar sobre la flor, ya que vamos a trabajar con productos ecológicos, y no vamos a dañar el medio natural, ni la biodiversidad.

Estos aclareos hay que llevarlos a cabo de la siguiente manera.

Cuando una variedad está en plena floración, podemos utilizar el Curatio o el Jabón Potásico con las dosis indicadas, estos productos esterilizarán los estigmas de la flor, impidiendo su cuajado.

Fig. 12.35 Corimbo

Hablamos de plena floración, porque nos aseguramos que la flor central del corimbo, que es la que primero sale, está cuajada y por tanto es la que nos interesa que permanezca (Fig. 12.35).

Este trabajo, hay que hacerlo a primera hora de la mañana o a última hora de la tarde, ya que pierden su eficacia con mucho sol.

Si utilizamos Curatio, es necesario lavar nada más terminar las máquinas sulfatadoras, ya que es corrosivo.

La segunda parte del programa que antes había comentado, consiste en esperar al cuajado de fruto.

Aquí es donde influye mucho la experiencia, tenemos que ser capaces de ver qué cosecha vamos a tener, pequeña, grande o muy grande, tener en cuenta que estamos viendo manzanas, más o menos de 1 cm., multiplicar ese tamaño por diez y podéis imaginar la cosecha que vamos a tener.

Si tenemos claro que será una cosecha excesiva, sería el momento de hacer una aclareo sobre fruto.

De qué manera:

Si el tamaño del fruto está sobre los 10 mm. podríamos utilizar ANA, bien sea Etifix o Rhodofix, en su dosis indicada.

Se tienen que cumplir las siguientes condiciones atmosféricas:

Ausencia de viento, temperatura entorno a los 20º y ausencia de lluvia en los tres o cuatro días después de la aplicación.

Volvemos otra vez a apelar a la experiencia, tenemos que observar que en unos días, las manzanas afectadas por el tratamiento, se quedan como arrugadas y se caen.

Si no es así o vemos que la efectividad es muy pequeña, ponemos en marcha el siguiente tratamiento.

Antes que la manzana alcance los 2 cm. de diámetro, podemos utilizar de nuevo ANA + Etefon, en este caso sería el producto Etherel 48, en la dosis indicada.

Aplicar, con ausencia de aire y cuando las temperaturas máximas diarias de los 2 ó 3 días siguientes, superen los 15º.

Hemos puesto como ejemplo el tratamiento de ANA+Atefon, pero podría ser con cualquier otro producto de los especificados u otros que haya en el mercado.

Estos productos se pueden mezclar todos entre sí, por lo que si observamos que con un producto determinado no alcanzamos el objetivo previsto, al siguiente año utilizar otro o una mezcla.

Esta información, está basada en la experiencia aportada por Campoastur en sus pumaradas.

Aquí hemos llegado al final, no podemos hacer más actuaciones, ya que el fruto pronto va a formar el corazón y pepitas y todo lo que hagamos a partir de entonces, no tendrá ningún sentido.

Como se puede observar no es complicado, se trata de conocer perfectamente el resultado después del tratamiento, por eso, siempre digo que tenemos que acostumbrarnos a mirar mucho los árboles, conocerlos a la perfección, de esta manera captaremos mucho mejor los cambios producidos una vez tratados.

Es posible que al principio y dada nuestra falta de experiencia, no obtengamos los resultados esperados, es lógico, "ya aprenderemos", pero al menos, habremos esterilizado flores, o eliminado frutos, esto hará que tengamos algo de retorno floral, por lo que seguro que el primer año tendremos algo menos de cosecha y al año siguiente tendremos algo más de producción y siguiendo esta línea, poco a poco, llegaremos a controlar las cosechas.

Tener en cuenta, que en el momento que tengamos controlada la vecería, no podemos bajar la guardia, como si ya estuviera el problema resuelto.

No lo tendremos resuelto nunca, como dejemos un par de años, de hacer bien nuestra trabajo, estaremos de nuevo en vecería.

En mi opinión todos los productores deberían llevar un control riguroso sobre la cantidad de cosecha, variedad por variedad, cantidad y abonos utilizados, tratamientos fitosanitarios efectuados etc. es decir, recopilar todo un historial de nuestra pumarada.

Bien sea de forma manual, a nivel informático mediante hojas Excel, o incluso con alguna aplicación para el móvil.

Se trata principalmente, que una vez controlada la vecería, la producción anual tiene que mantener una regularidad, de esta manera llevando un control de la producción, observaremos las desviaciones que vamos teniendo todos los años, si vemos que un año, aumenta o disminuye la cosecha más de la cuenta, ya sabemos cómo tenemos que operar, antes de que entre de nuevo en vecería.

Finalizamos este capítulo, con la seguridad de que si ponemos en marcha las medidas aportadas, tendremos el éxito que buscamos.

En el capítulo siguiente, vamos a tratar sobre como reproducir el manzano.

CAPÍTULO XIII

LA REPRODUCCIÓN

Sólo tenemos dos formas de conseguir árboles para nuestra plantación.

La forma más fácil y habitual, sin ninguna duda, es acudir a un vivero y hacernos con las variedades que buscamos, que ya están para ser plantadas.

O bien, conseguirlas por nuestros propios medios, a través de la reproducción de las mismas, tal como explicaremos a continuación.

Con la reproducción o multiplicación, conservamos las características de la variedad, pero es fundamental la elección de la planta madre, de la que vamos a extraer las púas o ramos que queremos reproducir.

Esta reproducción propagará todas las características positivas, entrada rápida en producción, conservación de la variedad, frutos de calidad, etc.

Pero también las negativas, como pueden ser árboles vigorosos o débiles, sensibles a enfermedades, etc.

En resumen, es muy importante la elección de la variedad y planta, ya que transmitiremos todas las cualidades y defectos que pueda tener.

Existen diversas técnicas para la reproducción vegetativa del manzano.

La más utilizada sin ninguna duda, es la empleada por los viveros, que parten de la siembra de una semilla, de la que nace un porta-injerto o patrón franco, sobre el que se injerta una variedad.

Hay otras técnicas, que no merece la pena comentar, ya que están totalmente en desuso, debido a que entrañan bastantes dificultades, como el acodo subterráneo, por ejemplo.

Pero, sin ninguna duda, la técnica de siempre, es el injerto sobre árbol ya adulto.

Esta técnica se ha empleado, desde tiempos inmemoriales, así se han conservado miles de variedades de manzana tanto de mesa, como de sidra.

Era habitual que las gentes de las zonas rurales, intercambiasen púas o ramos para injertar, con el fin de hacerse con variedades.

También hay que decirlo, siempre han existido y existen en la actualidad, personas muy concienciadas con este sector, que se preocupan de localizar variedades desconocidas para registrarlas, o que están a punto de desaparecer, para conservarlas.

Entre ellas estaba mí padre, al que vecinos del pueblo y de otros cercanos, lo iban a buscar para que les injertara algún manzano.

Son recuerdos de niñez, que posiblemente hayan sido la causa de la afición que tengo por este árbol.

Es mucho lo que les debemos a estas personas, que con un trabajo silencioso, como el de una hormiga, sin atribuirse ningún mérito, y pienso que también sin darse cuenta, nos han dejado un patrimonio tan importante, como las miles de variedades que hay registradas en este momento.

Fijarse lo que significa económicamente la D.O.P. Sidra de Asturias, pues la mayor parte de las 76 variedades seleccionadas, son gracias a estas personas.

El injerto consiste en unir al tronco o rama de un árbol, una púa o ramo de otro árbol, que tenga una o más yemas, y de una variedad distinta que queremos conseguir o conservar.

Normalmente hay que hacerlo entre árboles de la misma familia.

Digo normalmente, porque hay frutales de distinta especie que pueden ser compatibles.

Al final del capítulo comentaré algo sobre este tema.

El objetivo del injerto, tal como he comentado, consiste en lograr o conservar variedades que consideramos interesantes, conseguir un aumento de producción, frutos de mejor tamaño, tratar de eliminar enfermedades o poder plantar una especie en suelos desfavorables.

La elección de las púas, deben de ser sobre ramos del año, que estén sanos, sin enfermedades, bacterias u hongos.

Tanto el patrón, como la púa, deben estar en el mismo estado vegetativo, o que la púa vaya con más retraso con respecto al patrón.

Los injertos, se pueden hacer en pleno invierno, verano o en primavera, en este caso debemos hacernos con las púas en Diciembre o Enero y conservarlas en un sitio frío y húmedo, un buen sistema es envolverlas en papel de aluminio y colocarlas en la parte inferior del frigorífico, (No congelador). Se trata que las yemas se desarrollen muy despacio, hasta que vayamos a injertar en Marzo o Abril.

Tipos de injertos:

INGLÉS, HENDIDURA SIMPLE, HENDIDURA DOBLE, PÚA O INCRUSTACIÓN, YEMA Y DE CABEZA O CORONA.

INJERTO INGLÉS:

Fig. 13.01 Injerto inglés (fuente el gran libro de los árboles frutales)

Fig. 13.02 Figura real del injerto inglés (fuente flor de planta)

Es el más utilizado por los viveristas, éstos hacen los injertos sobre lo patrones francos, durante los meses de invierno para plantarlos en vivero y ponerlos a la venta al año siguiente.

Se utiliza en todo tipo de frutales de pepita, también en la vid.

Sobre árbol adulto, habría que hacerlo en los meses de Marzo o Abril, por lo que previamente deberíamos tener los ramos conservados, tal como se ha explicado antes.

Este injerto se hace sobre patrones o árboles jóvenes y hay que procurar que el tronco o la rama, tengan prácticamente el mismo diámetro que la púa o ramo.

Tanto al patrón como al ramo, se les hace un corte en bisel de una longitud lo más parecida posible.

A continuación en ambos, se les hace otro corte en bisel hundido, de tal manera que encajen uno con el otro.

Envolver con cinta de injerto, para evitar la entrada de aire y aplicar cicatrizante a la cabeza del ramo.

INJERTO DE HENDIDURA SIMPLE

Fig. 13.03 Hendidura simple (fuente el gran libro de los árboles frutales)

Se utiliza sobre tronco y rama de un diámetro de 3 a 4 cm.

Se suele realizar desde finales de Marzo hasta mediados de Abril.

Para éllo utilizaremos las púas conservadas en frigorífico.

Al ramo, se le hacen dos cortes paralelos en bisel.

Al patrón, le hacemos una hendidura en un lateral por la que introducimos el ramo.

Envolvemos con cinta de injertar y aplicamos cicatrizante, tanto a la cabeza del ramo, como a la del patrón.

Fig. 13.04 Imagen real de injerto de hendidura simple (fuente infojardín)

INJERTO DE HENDIDURA DOBLE

En este caso se utiliza sobre tronco a rama de 5 a 8 cm.

El proceso es el mismo, solo que prepararíamos dos púas, y haríamos en el patrón dos hendiduras frente a frente.

Resto exactamente igual.

INJERTO DE PÚA O INCRUSTACIÓN

Este tipo de injerto es muy parecido al de hendidura, pero técnicamente mejor, ya que facilita la cicatrización de los cortes del patrón, no obstante, no se hace de forma muy habitual, ya que requiere mucha precisión en los cortes a realizar.

Hay que hacer dos cortes en cuña en la base de la púa, de tal manera que queden en forma de triángulo.

La misma operación debemos hacerla en el tronco del patrón procurando que tenga la misma forma y prácticamente las mismas medidas.

A continuación encintamos y aplicamos cicatrizante al patrón y a la cabeza de la púa.

Fig. 13.05 Imagen real de injerto de hendidura doble (fuente Infojardín)

Fig. 13.06 Injerto de incrustación (fuente el gran libro de los árboles frutales)

INJERTO DE YEMA

Fig. 13.07 Injerto de yema (El *gran libro de los árboles frutales*)

Fig. 13.08 Injerto de yema brotado (fuente agrológica)

Este tipo de injerto, se utiliza bastante, ya que es muy rápido de ejecutar, se evitan cortes y heridas en los patrones y suele ser muy efectivo.

El procedimiento es el siguiente, en el patrón hacemos un corte en sentido vertical y con la profundidad justa de la corteza.

Luego hacemos un corte igual que el anterior, pero en sentido horizontal, de tal manera que se forma una "T".

Con la misma navaja y con cuidado, separamos un poco las cortezas, de tal manera que quede una abertura triangular.

Debemos elegir una buena yema y rama, desechamos las yemas de la base y las terminales y cogemos una o varias de las del centro.

Para obtener la yema, aconsejamos hacer un corte en horizontal unos 7 u 8 mm. por encima de la yema y otro exactamente igual por debajo. Para conseguir la rebanada con la yema, deslizamos la hoja de la navaja entre la corteza y la madera, desde el corte inferior hasta el superior, con cuidado de no vaciar la yema.

Esta rebanada, la introducimos en la ventana triangular del patrón.

A continuación encintamos bien dejando únicamente la yema al descubierto.

INJERTO DE CORONA O CABEZA

Fig. 13.09 Injerto de corona (fuente *El gran libro de los árboles frutales*)

Este tipo de injerto se utiliza con mucha frecuencia, sobre todo en árboles muy adultos, con diámetros de tronco importantes.

Igual que los demás, se utiliza tanto para conservar como para hacerse con una variedad.

También para rejuvenecer un árbol, cambiándo totalmente la vegetación, conseguiremos que en cuatro o cinco años después del injerto tendremos formado un árbol nuevo.

En invierno, Enero o Febrero, debemos podar el árbol, conservando alguna rama principal que tenga ramos jóvenes, para que hagan la demanda de savia a la raíz, una vez que el árbol esté en vegetación, debemos eliminarlas, cortando de nuevo unos 20 cm. por debajo, en este nuevo corte, es donde vamos a hacer el injerto.

Las púas o ramos a injertar, deberían tener dos o tres yemas y las deberíamos tener conservadas, como hemos explicado anteriormente.

Hay que hacer un corte horizontal hasta la mitad de la púa aproximadamente, desde este mismo corte, hacemos otro en chaflán lo más fino posible y acercándonos en la parte final lo más posible a la corteza.

En el tronco hacemos un corte en vertical que profundice solo la corteza, separar la corteza del corte con cuidado, para hacer una abertura, por donde incrustamos el corte en chaflán de la púa, hasta que apoye el corte horizontal en la cabeza del tronco.

Encintamos y aplicamos cicatrizante tanto al tronco, como a la cabeza de la púa.

Se pueden injertar varias púas en la misma cabeza, no obstante no por poner más vamos a tener más posibilidades de éxito, como mucho cuatro o cinco púas en función del grosor del tronco, serían más que suficientes.

Fig. 13.10 Imagen real de injerto de corona (fuente Infojardín)

Estos son los principales tipos de injerto más utilizados, hay alguno más, pero están tan en desuso, que no merece la pena comentarlos, como pueden ser el injerto de flauta o injerto de chapa.

Para conocer y poner en práctica la reproducción del árbol, a través de los injertos, entiendo que son más importantes las fotos aportadas que la explicación. Esta, no se entendería sin tener a la vista las imágenes, espero haber acertado tanto en la explicación, como en la elección de las mismas y que tengáis una idea muy clara de cómo se deben hacer.

En colaboración con Viveros Madiedo, estamos probando un experimento en mí pumarada, que consiste en árboles de doble injerto, conocido como "EL INTERMEDIARIO", este tipo de injerto, hace años que se hacía principalmente en la zona de Villaviciosa (Asturias).

Consiste en que, sobre un patrón franco injertamos un ramo de un árbol enano, un M9, por ejemplo, y en el mismo momento y sobre el M9, injertamos la variedad.

¿Qué buscamos con este sistema?

Un enraizamiento fuerte, como corresponde a un franco, el ramo enano, que haga de cuello de botella al paso de savia, con lo que la variedad va a tener un desarrollo, como si fuera un árbol semi-enano o de vigor medio.

Un enraizamiento fuerte, nos garantiza un árbol más estable, más resistente a ciertas enfermedades y hongos, y más garantía ante las plagas de ratón, topo o topillos.

Tenemos referencias de este tipo de INTERMEDIARIO, en Asturias, en zona costera, hay alguna plantación en plena producción y se acaba de hacer una nueva entorno a los 1.000 árboles.

Fig. 13.11 Arbol recién plantado con doble injerto

Fig. 13.12 Doble injerto en desarrollo

En zona de interior, como es en mí caso, no tenemos referencia que haya alguna plantación con este sistema.

Por eso comentaba, que estamos haciendo como un pequeño experimento, para ver, que tal resulta.

Son veintitrés árboles de las variedades, Verdialona, Madiedo, Collaos, Amariega, Blanquina y Durona de Tresali. (Todas manzanas de sidra acogida a la D.O.P.)

Nada más injertarse en el mes de Marzo, han pasado directamente a plantación, sin aviverarse.

Una parte son del 2017, otra del 2018 y la última del 2019. Todos tienen muy buen aspecto, se ven muy sanos y están teniendo muy buen crecimiento.

Observamos que el ramo que hace de intermediario, va adquiriendo un engrosamiento mayor que el resto del tronco, tal como se observa en la figura 13.12.

Este tipo de injerto, no es muy comercial, ya que el injertado lleva el doble de trabajo y la posibilidad de fallo, aumenta en comparación con el injerto normal.

¡Por otra parte, anteriormente había comentado que es posible hacer injertos entre árboles de distinta familia.

Son casos muy contados, y mi opinión es que nos pongamos en manos de un profesional, para asegurarnos que, lo que pretendemos hacer sea viable.

Ejemplo:

Es sabido que los cerezos, son muy sensible a terrenos muy húmedos, pues bien, si no tenemos otra posibilidad y queremos tener cerezos en este tipo de humedal, aportaremos la siguiente solución llevada a cabo con éxito por Viveros Madiedo:

Sobre un patrón de ciruelo, variedad Mariana, muy resistente a suelos húmedos, injertamos un ramo que haga de intermediario de otro ciruelo, variedad Adara, y sobre éste y en el mismo momento, injertamos el cerezo.

Son frutales de hueso, pero de distinta familia y ha funcionado.

Sé que se pueden hacer más cosas de este tipo con distintos frutales, pero, tal como he dicho antes, y en casos tan especiales, lo mejor es acudir al profesional que nos asesore.

Echo en falta, más investigación y más información sobre estos temas, que son muy interesantes y que podrían suponer un gran avance para la fruticultura.

Sólo nos queda para terminar de conocer perfectamente al manzano, saber qué enfermedades a plagas más comunes le pueden afectar, tema, que vamos a tratar en el siguiente capítulo.

CAPÍTULO XIV

ENFERMEDADES DEL MANZANO

Todos los vegetales, históricamente han padecido enfermedades y plagas. El manzano, tampoco se libra de estos problemas, hay que pensar que donde mejor se desarrolla, es zonas con climas templados y húmedos, muy propensos a la propagación de insectos, hongos etc.

Estas enfermedades eran controladas por la propia biodiversidad, es evidente que no las eliminaba, pero existía un equilibrio, que permitía la obtención de cosechas, seguro que más pequeñas y con frutos que no tendrían la buena presencia que tienen ahora con la utilización de los pesticidas. Pero no hace falta comentar, que eran productos más naturales, con mejores aromas, sabores. etc.

Es a partir de los años 50 - 60, cuando aparecen los primeros pesticidas, con el fin de erradicar todas las enfermedades y plagas.

El resultado, lamentablemente, ya lo sabemos, no sólo no se han erradicado, sino también, que han aumentado y proliferado otras nuevas que se van incorporando, al tener el camino despejado de enemigos o depredadores naturales que las deberían controlar.

Con el uso indiscriminado de pesticidas de amplio espectro, hemos conseguido controlar las enfermedades por temporada, pero también hemos eliminado una gran parte de las colonias de depredadores, por lo que las plantas, sin nada que las defiendan, quedan a merced de otros parásitos.

Desde hace algunos años, afortunadamente hay algo más de concienciación, o preocupación sobre estos problemas.

Aunque queda un largo camino por recorrer, se han formado grandes cultivadores para el uso de fitosanitarios, pero no se ha tenido en cuenta al pequeño cultivador, que al día de hoy y en el mejor de los casos, sigue actuando bajo el consejo del vendedor de una tienda especializada en estos productos.

Se debería haber hecho un plan de formación profesional para todos los agricultores y fruticultores, no sólo para el uso de fitosanitarios, también para sustituirlos por productos o técnicas más ecológicas que no fueran tan agresivas con la biodiversidad.

A la vista del problema y tal como he comentado, creo que hay algo más de concienciación y preocupación sobre el tema.

De hecho se han puesto en marcha cursos para la obtención del carnet básico para la manipulación de productos fitosanitarios, que no es la panacea, pero al menos el manipulador tiene una información sobre el producto, y una formación de cómo debe utilizarlo.

También ha habido avances en la fabricación, con productos menos agresivos con el medio, específicos y también los considerados ecológicos, bajo la autorización del COPAE.

También podríamos encuadrar dentro de este grupo, los abonos ecológicos con bastante efectividad y que dejan muy pocos residuos en la tierra.

Ponencias impartidas por expertos en cultivos naturales, muy apropiados para pequeños productores, con técnicas de protección para las abejas, abejorros, catarinas, etc.

Y lo más importante, procesos de investigación llevados a cabo, con el fin de conseguir patrones genéticamente muy resistentes a ciertas enfermedades comunes, que evitan los tratamientos fitosanitarios.

Creo que éste es el camino, pero, siempre repito lo mismo, tanto el problema como la solución, no es cosa de los demás, NOSOTROS MISMOS FORMAMOS PARTE DEL PROBLEMA. En la medida de cada uno, también hemos sido responsables.

Y TAMBIÉN TENEMOS QUE FORMAR PARTE DE LA SOLUCIÓN, no debemos esperar a que los demás lo arreglen, empecemos nosotros mismos, primero a concienciarnos y después a poner todo de nuestra parte para defender y conservar todo lo bueno que tenemos, que no es ni más ni menos, que la NATURALEZA, creo que ya lo he comentado en algún capítulo, SIN ÉLLA, NO HAY VIDA EN EL PLANETA.

Si aprendemos a mirar y a conocer al manzano, aprenderemos también a mirar y a defender la naturaleza, lo entenderemos todo un poco mejor y veremos con claridad, que tenemos que ponernos TODOS con firmeza y rigor para que no nos la quite nadie.

Vamos entonces a conocer las enfermedades más comunes del manzano y cómo controlarlas.

Pero antes, considero que es importante que conozcamos los estados fenológicos del manzano, dado que algunos productos fitosanitarios, incluso los fitorreguladores para el aclareo, aconsejan su utilización antes de que el árbol alcance uno de los siguientes estados:

Estado “A” - Yema de invierno - Fig. 14.01 (Fuente Inia)
Estado “B” - Yema hinchada - Fig. 14.02 (Fuente Inia)
Estado “C” - Yema hinchada coloreada - Fig. 14.03 (Fuente Inia)
Estado “D” - Aparición del corimbo - Fig. 14.04 (Fuente Inia)
Estado “D2” - Corimbo sin hojas - Fig. 14.05 (Fuente Inia)
Estado “E” - Aparecen los primero pétalos - Fig. 14.06 (Fuente Inia)
Estado “E2” - Los sépalos dejan ver los pétalos - Fig. 14.07 (Fuente Inia)
Estado “F” - Comienzo de la floración - Fig. 14.08 (Fuente Inia)
Estado “F2” - Plena floración - Fig. 14.09 (Fuente Inia)
Estado “G” - Caída de los pétalos - Fig. 14.10 (Fuente Inia)
Estado “H” - Cuajado de fruto - Fig. 14.11 (Fuente Inia)
Estado “I” - Pequeño fruto - Fig. 14.12 (Fuente Inia)
Estado “J” - Engrosamiento del fruto - Fig. 14.13 (Fuente Inia)

Fig. 14.01. Yema de invierno

Fig. 14.02. Yema hinchada

Fig. 14.03. Yema hinchada coloreada

Fig. 14.04. Aparición del corimbo

Fig. 14.05. Corimbo sin hojas

Fig. 14.06. Aparecen los primero pétalos

Fig. 14.07. Los sépalos dejan ver los pétalos

Fig. 14.08. Comienzo de la floración

Fig. 14.09. Plena floración

Fig. 14.10. Caída de los pétalos

Fig. 14.11. Cuajado de fruto

Fig. 14.12. Pequeño fruto

Fig. 14.13. Engrosamiento del fruto

Ejemplo:

Si un producto indica que lo debemos aplicar antes del estado F y al observar el árbol, vemos que ya ha comenzado la floración, no deberíamos aplicarlo.

Observad lo importante que es leer bien las etiquetas o prospectos de los productos.

Un producto mal aplicado puede generar un problema mucho mayor que el que pretendíamos solucionar.

El manzano, lo mismo que otros frutales y cualquier cultivo de huerta, se puede ver afectado principalmente por las siguientes plagas o enfermedades:

INSECTOS, HONGOS, ÁCAROS Y BACTERIAS

Cada uno de estos grupos se trata de forma distinta, por lo que es imprescindible que los conozcamos a la perfección.

Los insectos, deben ser tratados con un insecticida.

Los hongos hay que tratarlos con un fungicida.

Los ácaros, se tratan con un acaricida.

Y las bacterias, con un bactericida.

En el grupo de los insectos, las plagas más comunes son:

Pulgón Ceniciento, Pulgón Verde, Pulgón Lanígero, Carpocapsa (Gusano de la manzana) y Gorgojo de la Flor.

En el grupo de los hongos, trataremos las siguientes enfermedades:

Moteado, Monilia, Oídio y Chancro

En el grupo de los ácaros, hablaremos de la Araña Roja

En el grupo de las bacterias, del Fuego Bacteriano.

Los pesticidas, son como los medicamentos para los humanos, deberían ser el último recurso, es decir, no esperar a que las plagas se hayan extendido por toda la pumarada. Previamente podemos hacer mucha labor preventiva, que mitigarán los ataques de éstas plagas.

Cuanto menos productos fitosanitarios de amplio espectro utilicemos, más estamos respetando la fauna útil y la biodiversidad en nuestra pumarada.

Como he comentado al principio del capítulo, con un pesticida podemos contralar una plaga, pero si hemos eliminado los insectos beneficiosos en nuestra pumarada, seguro que al año siguiente vamos a tener un problema mayor, amén de que al quedarse sin defensas, quedamos a merced del ataque de otros insectos, ácaros etc.

Cuidemos y apliquemos medidas para cuidar la fauna útil.

Si por fuerza mayor hay que utilizar pesticida, que sea ESPECÍFICO, nunca de AMPLIO ESPECTRO.

Y en la medida de lo posible tratar con productos con certificación ecológica, autorizados por el COPAE.

Es posible que sean menos efectivos, pero con la fauna útil y con ayuda de estos productos, puede ser suficiente para controlar la enfermedad, sobre todo con insecticidas.

GRUPO DE INSECTOS. (Tratamiento con insecticidas)

Para todos ellos, tratamiento preventivo de invierno, a base de Oxicloruro de Cobre y Aceite Mineral, Ambos productos ecológicos.

Tratar en el estado "B", yema hinchada.

Pulgón Ceniciento (Dysaphis Plantaginea)

Fig. 14.14 (Fuente Agroes)

En mí opinión el más peligroso de todos los pulgones, por sus efectos sobre las hojas, que llegan a enroscarse, cesan en su función clorofílica y terminan por secarse y caer, afectando incluso al brote.

Al contrario que el Pulgón Verde, éste dispone de alas, lo que facilita su propagación por toda la pumarada.

Actúa desde la caída de la flor, más o menos, hasta que el fruto alcanza el tamaño de una nuez.

Afecta principalmente a árboles jóvenes de 1 a 5 años, que se ven muy afectados en su crecimiento.

En árboles jóvenes, con entrada ya en producción, de 4 a 8 años, afecta tanto al crecimiento del árbol, como al fruto, que no tiene un buen desarrollo y se queda muy pequeño, sin ningún valor comercial.

En árboles adultos de tamaño importante afecta exclusivamente a los brotes jóvenes del crecimiento del año, no viéndose tan afectado en el resto de la vegetación.

Un producto ESPECIFICO para tratar esta enfermedad es el APHOX, materia activa Pirimicard.

Un producto ecológico puede ser el SIPCAM, materia activa Azadiractina.

Pulgón Verde (Aphis Pomi De Geer)

Fig. 14.15 (Fuente gorain gipúzkoa)

Suele aparecer al final de la primavera y verano.

No causa daños importantes, únicamente en árboles jóvenes puede afectar al crecimiento.

No va afectar al fruto, ni a su desarrollo.

Por tanto, no le doy mucha importancia, por lo que es preferible no tratar con nada y dejar que sus enemigos naturales hagan su trabajo.

Pulgón Lanígero (Eriosoma Laningerum)

Fig. 14.16 (Fuente Inia)

Aparece principalmente durante el verano.

Se muestra protegido en el interior de pompas de algodón adheridas a la madera.

Causa heridas en las ramas, que pueden desembocar en Chancro.

Tiene muy difícil tratamiento debido a su protección algodonosa, por lo que no es aconsejable tratar.

Tiene un enemigo natural el Aphelinus Mali.

Y hoy en día hay porta-injertos genéticamente muy resistentes a esta enfermedad.

El mejor tratamiento que podemos hacer, y tal como dije anteriormente, es el tratamiento preventivo de invierno, a base de Oxicloruro de Cobre y Aceite Mineral (Productos certificados como ecológicos). Hacerlo siempre en el estado "B", YEMA HINCHADA.

Puesto que los tratamientos químicos curativos son muy poco efectivos, mejor no tratar.

Carpocapsa (Gusano de la manzana). Cydia Pomonella.

Fig. 14.17 (Fuente Agrorganics)

Plaga muy frecuente en frutales de pepita, principalmente manzano y peral.

Causa auténticos estragos en frutales de mesa, que sin un tratamiento bien aplicado pueden acabar con toda la cosecha.

No es tan importante en manzana de sidra, donde hay diversidad de opiniones sobre la conveniencia o no, de tratar contra este insecto.

El ciclo de esta plaga comienza a activarse a principios de la primavera.

Completan su desarrollo, durante unos 30 días.

Aproximadamente durante el mes de Mayo, comienzan a aparecer progresivamente los primero adultos.

La hembra pone sus huevos en las hojas y frutos y la nueva generación de larvas, se alimenta de ellos, penetrando hasta el corazón de los mismos.

Al final del ciclo, salen y se sitúan en la madera del árbol.

Con buena temperatura, en el transcurso del verano, puede aparecer una segunda generación, pero si hemos hecho bien nuestro tratamiento, esta generación, no va a tener mucha incidencia.

El mejor sistema para el tratamiento de esta plaga, es colocando una o varias trampas según la dimensión de la pumarada, con feromona sexual.

Fig. 14.18 (Fuente agrorganics)

Estas trampas debemos controlarlas diariamente y observar el número de capturas, hasta que un día nos encontraremos con un incremento desmesurado de las mismas. Eso significa que la mayoría de las larvas han efectuado el vuelo y se han situado ya en las hojas y frutos del árbol.

A partir de este momento iniciaremos el tratamiento, repitiendo el mismo una semana después.

En pumaradas pequeñas, se pueden situar varias de estas trampas, para que actúen como confusión sexual, ya que los machos se dirigirían hacia ellas, donde se quedan pegados, evitando así la copulación.

Tratamiento aconsejado:

Nombre comercial DIMILIN, materia activa, Diflubenzuron.

Tratamiento ecológico:

Nombre comercial PROBELTE, materia activa, Bacillus Thurigiensis.

Gorgojo de la Flor (Anthonomus Pomorum)

Este insecto actúa en primavera, depositando un huevo en los botones florales, al desarrollarse la larva, se alimenta del interior de la flor, por lo que se seca.

No se trata de una plaga muy agresiva.

Quizás con el tratamiento preventivo de invierno sea suficiente.

Incluso en caso de vecería, cuando esperamos una gran cosecha, la actividad de este insecto sobre la flor, puede producir un aclareo natural beneficioso para corregir la producción.

Estas son las principales plagas de insectos que pueden afectar a nuestros manzanos.

Fig. 14.19 (Fuente gorain Gipúzkoa)

Pensad que sólo dos, son preocupantes, el Pulgón Ceniciento, que perjudica principalmente a árboles jóvenes y la Carpocapsa, que en el caso de manzana de sidra, también se podría prescindir del tratamiento.

No tratar de eliminar todo lo que aparece, porque podemos hacer más daño eliminando depredadores y sobre todo perjudicando con las pulverizaciones a los insectos polinizadores.

GRUPO DE HONGOS (Tratamiento con fungicidas)

Igual que el grupo anterior, tratamiento preventivo de invierno, a base de Oxicloruro de Cobre y Aceite Mineral, productos ambos, ecológicos.

Tratar en el estado "B", yema hinchada.

Procurar no plantar pumaradas o árboles, en zonas húmedas.

Que los árboles estén soleados, y con podas que permitan la aireación interior de los mismos. Recordar la "chimenea".

Eliminar de la plantación frutos o ramas enfermas, para evitar su propagación.

Y utilizar en lo posible patrones y variedades resistentes.

Los tratamientos para este grupo, están más bien indicados para pumaradas de manzana de mesa, donde el fruto tiene que tener un buen aspecto y cualquier deterioro del mismo, impide su comercialización.

En el caso de manzana de sidra, es distinto, ya que no tiene una exigencia tan drástica como en la manzana de mesa.

Por tanto, la aplicación de estos tratamientos en manzano de sidra, queda un poco a elección del productor, en caso de que los ataques de hongos, no sean muy agresivos, siempre es mejor no tratar.

A excepción del Chancro que sí es importante tratar de controlarlo, por su facilidad de contagio.

Moteado (Venturia Inaequalis)

Fig. 14.20 (Fuente agrícola ITQ)

Son manchas marrones oscuras, que aparecen en las hojas, trasladándose también al fruto, quedando inservible para la comercialización, en el caso de manzana de mesa.

Tratar con:

Nombre comercial SIPCAM. Materia activa: Tebuconazol

Hay pocos productos fungicidas con certificación ecológica.

Uno de éllos, podría ser el tratamiento con Hidróxido de Cobre.

Monilia

Fig. 14.21

M.Fructígena, afecta a los frutos.

M.Laxa, afecta a las flores y a las hojas.

Se trata de un hongo, que se desarrolla a través de una pequeña herida en el fruto, produciendo la podredumbre del mismo en poco tiempo.

En climas húmedos, el hongo puede seguir contaminando otros frutos sanos.

Tratar con:

Nombre comercial TOPSIN 70. Materia activa: Metil Tiofanato.

Como tratamiento ecológico, podemos utilizar el mismo que para el moteado.

Y también con Oxicloruro de Cobre, durante el invierno.

Oidio (Podosphaera Leucotricha)

Fig. 14.22 (Fuente pv. Fagro. Edu)

Este hongo, se muestra con un recubrimiento blanquecino de brotes y hojas, sólo en variedades muy sensibles como Meana o Perico.

Sirven los mismo tratamientos que para el moteado.

Como tratamiento ecológico:

Nombre comercial SIPCAM. Materia activa: Laminarín

Chancro (Nectria Gallígena)

Fig. 14.23 (Orain Gipuzkoa)

Es un hongo, que se introduce en la planta a través de heridas producidas por rotura de ramas, por la actividad del pulgón lanígero, etc.

El hongo produce una especie de podredumbre, que impide el paso de la savia, ocasionando la muerte de la rama, y en caso de afectar al tronco, incluso la del árbol.

Si la herida aún no es muy profunda, podemos tratar de curarlo, raspando la herida, hasta llegar a la madera sana, pulverizar con cobre y aplicar pasta cicatrizante.

El polvillo y los restos producidos por el raspado, debemos evitar que se caigan al suelo, esto, propagaría la enfermedad, por lo que tenemos que recogerlo con bolsas u otro sistema.

Si la herida es muy profunda, pienso que vale más cortar la rama y quemarla para evitar la propagación.

Los tratamientos son únicamente preventivos, en el otoño a la caída de la hoja aplicar Cobre + Urea. En el invierno, con la rama en estado "B" yema hinchada, aplicar el Oxicloruro de Cobre + Aceite Mineral (Ecológicos).

GRUPO DE ÁCAROS (Tratamiento con acaricidas)

La Araña Roja (Panonychus Ulmi)

Fig. 14.24 (Fuente orain gipúzkoa)

Se instala y se alimenta de la parte inferior de las hojas, pudiendo incluso llegar a la parte superior, en caso de una plaga muy fuerte.

Los huevos, son de color rojo y se desarrollan con una gran facilidad en verano, con temperaturas entorno a los 20º.

No es frecuente que aparezca esta plaga, únicamente cuando no hacemos bien las cosas.

Suele atacar cuando eliminamos los insectos depredadores con pesticidas de amplio espectro.

En el caso de que tengamos un fuerte ataque, lo mejor que se puede hacer, es que no hagamos absolutamente nada, dejemos que los insectos beneficiosos hagan su trabajo, harán que la plaga disminuya y llegue a desaparecer por completo.

Incluso es mejor dejar perderse la cosecha que tratar de controlar el ataque a base de aplicar acaricidas, éstos, acabarán también con los depredadores, por lo que al año siguiente, vamos a tener una plaga aún mayor.

Como anécdota, os puedo contar el caso de un amigo, que intentó eliminar por todos los medios un ataque de araña roja, al ver que la plaga aumentaba cada vez más, desesperado, comentaba: "Cuando terminéis de comer las hojas, comer las ramas y el tronco si podéis", a partir de entonces, la plaga fue a menos, hasta desaparecer por completo.

La biodiversidad en estos caso, hace mucho.

No obstante, facilito los datos de un producto acaricida:

Nombre comercial: SIPCAM

Materia activa: Fenpiroximato 5%

Para frutales de pepita, plantas ornamentales, tomate y viñedos.

GRUPO DE LAS BACTERIAS (tratamiento con bactericidas)

El Fuego Bacteriano (Erwinia Amylovora)

Fig. 14.25 (Fuente orain gipúzkoa)

Afecta principalmente a frutales de pepita, peral y manzano.

Se instala en la planta en primavera.

La infección se reproduce a través de insectos, pájaros, viento etc.

La bacteria se desarrolla por toda la planta, llegando incluso hasta el tallo. Para su desarrollo, necesita temperaturas de primavera y verano, la actividad se detiene en el otoño e invierno, pero se mantiene latente hasta la primavera siguiente.

NO EXISTEN PRODUCTOS FITOSANITARIOS PARA CONTROLAR ESTE ENFERMEDAD.

Las medidas, son exclusivamente preventivas, que tratan principalmente de evitar la propagación de la bacteria

Arranque y quema inmediata de las plantas o árboles afectados.

Podas en parada vegetativa con desinfección de la herramienta (Lo hemos visto ya, en al capítulo dedicado a la poda).

No abonar con exceso de Nitrógeno, para evitar el aumento de vigor de las plantas.

Hasta 1.995, España era ZONA PROTEGIDA (ZP), ya que no existía la enfermedad.

Es en este año, cuando se detecta por primera vez en plantaciones de manzano de sidra en Gipúzkoa.

En el año 2.011, el Fuego Bacteriano, se había extendido a:

Andalucía, Aragón, Castilla La Mancha, Castilla y León, Extremadura, Madrid, Murcia, Navarra, La Rioja, País Vasco (Gipúzkoa), Cataluña (Comarca Garrigues, Noguera, Pla d'Urgell, Segriá y Urgell de Lleida), Comunidad Valenciana (Comarcas del l'Alt Vinalopó y el Vinalopó Mitja de la provincia de Alicante) y los municipios de Alborache y Turís de la provincia de Valencia.

Estas regiones y comarcas, han perdido el status de ZONA PROTEGIDA (ZP) para el Fuego Bacteriano, ya que sus territorios, padecen la enfermedad.

Comunidades Autónomas y territorios, que ante la ausencia de la enfermedad, conservan el estatutos de ZONA PROTEGIDA (ZP):

Asturias, Baleares, Cantabria, Cataluña (Excepto las comarcas relacionadas anteriormente), Galicia, País Vasco (Excepto Gipúzkoa), Comunidad Valenciana (Excepto comarcas y territorios relacionados anteriormente).

Datos del Ministerio de Agricultura Pesca y Alimentación, correspondientes al año 2.018.

Las zonas con pérdida de status de ZONA PROTEGIDA (ZP), se verán afectadas en la comercialización de plantas, partes de plantas y polen para polinizar, con destino a una ZP, exigiendo a las empresas de viveros, la expedición del Pasaporte Fitosanitario para ZONA PROTEGIDA, reconocida oficialmente.

Las zonas no protegidas, recibirán controles por parte de las autoridades competentes, al menos durante dos ciclos de producción.

Una vez que se compruebe la ausencia de la enfermedad durante dos años y se cumplan las condiciones exigidas, se establece la zona tampón y se autoriza a las viveros de producción de planta sensible, incluidos en élla, para que emitan el Pasaporte Fitosanitario, con distintivo ZP.

Ministerio de Agricultura Pesca y Alimentación.

Con el fin de tener la máxima información posible y en caso de una plaga o enfermedad, ver qué producto podemos adquirir.

Relacionamos a continuación una serie de productos fitosaniarios, algunos con certificación ecológica, autorizados por el COPAE.

Comenzaremos con productos para JARDINERA EXTERIOR DOMÉSTICA (Estos productos, no precisan de Carnet de manipulador de Fitosanitarios).

INSECTICIDAS, ACARICIDAS Y FUNGICIDAS CON CERTIFICACIÓN ECOLÓGICA

PRODUCTO	MATERIA ACTIVA	CULTIVOS	PLAGAS
ZENITH	AZADIRACTINA 3,2%	FRUTALES HORTÍCOLAS ORNAMENTALES	ORUGAS MOSCA BLANCA PULGONES
BELPROIL (ACEITE DE INVIERNO)	ACEITE DE PARAFINA - 83%	FRUTALES	ÁCAROS COCHINILLAS
BELTASUR 500	COBRE 50%	FRUTALES ORNAMENTALES LECHUGA PATATA TOMATE	MILDIU
VACCIPLANT	LAMINARIN 4,5%	FRUTALES LECHUGA TOMATE	MILDIU

Cuando he tratado el tema de los fitorreguladores, había hablado del JABÓN POTÁSICO, para el aclareo de flor.

Este producto (ecológico), también lo podemos utilizar como insecticida y acaricida, actúa por contacto, por lo que debemos impregnar bien las hojas.

También actúa como mojante, ya que se pega muy bien a la planta y ayuda a que otros productos foliares aumenten su efectividad.

Evidentemente no va a tener la misma efectividad que otros productos químicos, específicos, pero sí podemos a controlar plagas pequeñas y no perjudicamos al ecosistema.

INSECTICIDAS, ACARICIDAS Y FUNGICIDAS, (SIN CERTIFICACIÓN ECOLÓGICA). NO PRECISAN CARNET DE MANIPULADOR DE FITOSANITARIOS.

PRODUCTO	MATERIA ACTIVA	CULTIVOS	PLAGAS
PROBEL CYTHIRIN GARDEN	CIPERMETRINA 1%	ORNAMENTALES HORTÍCOLAS PATATA	INSECTOS ORUGAS ADULTAS
ANTICOCHINILLA (ANTI LARVAS)	PIRIPROXIFEN 10%	FRUTALES TOMATE	PULGÓN COCHINILLAS LARVAS
EPIK (SISTÉMICO)	ACETAMIPRID 20%	FRUTALES ORNAMENTALES HORTÍCOLAS PATATA TOMATE	PULGÓN MOSCA BLANCA ESCARABAJO
FOSDAN 50	FOSMET 50	FRUTALES DE PEPITA	CARPOCAPSA COCHINILLA

PRODUCTO	MATERIA ACTIVA	CULTIVOS	PLAGAS
BELPRON PARA ESPOLVOREAR	AZUFRE 98,5%	FRUTALES HORTÍCOLAS ORNAMENTALES VIÑEDO	OIDIO ÁCAROS
FOSBEL 80PM	FOSETIL-AL 80%	FRUTALES VIÑEDO	PHYTÓPHTORA
DOMARK EVO (SISTÉMICO Y CURATIVO)	TETRACONAZOL 12,50%	TOMATE FRUTALES DE PEPITA ORNAMENTALES VIÑEDO	OIDIO MOTEADO
LEXOR (SISTÉMICO Y CURATIVO)	DIFENACONAZOL 25%	FRUTALES HORTÍCOLAS	ABOLLADURA CERCOSPORA ALTERNARIA ROLLA
ARBEKYN (PENETRANTE Y CURATIVO)	MANDIPROBAMID 25%	HORTÍCOLAS DE HOJA, LECHUGA, PATATA Y TOMATE	MILDIU

INSECTICIDAS, ACARICIDAS Y FUNGICIDAS, PARA USO PROFESIONAL. CON CERTIFICACIÓN ECOLÓGICA. PRECISAN DEL CARNET DE MANIPULADOR DE FITOSANITARIOS.

PRODUCTO	MATERIA ACTIVA	CULTIVOS	PLAGAS
BELTHIRUL	BACILLUS THURIGIENSIS	FRUTALES DE PEPITA KIWI LECHUGA TOMATE VIÑEDO	CARPOCAPSA ORUGAS
BELPROIL-A	ACEITE DE PARAFINA 83	FRUTALES	ÁCAROS COCHINILLAS
BELTASUR 500	OXICLORURO DE COBRE 50% (POLVO)	FRUTALES ORNAMENTALES LECHUGA PATATA TOMATE	MONILIA MOTEADO ALTERNARIA ANTRACNOSIS MILDIU

INSECTICIDAD, ACARICIDAS Y FUNGICIDAS, PARA USO PROFESIONAL COMPOSICIÓN QUÍMICA (SIN CERTIFICACIÓN ECOLÓGICA) PRECISAN DEL CARNET DE MANIPULADOR DE FITOSANITARIOS

PRODUCTO	MATERIA ACTIVA	CULTIVOS	PLAGAS
AZUFRE 80WG (POLVO MOJABLE)	AZUFRE 80%	FRUTALES HORTÍCOLAS ORNAMENTALES VIÑEDOS	OIDIO ÁCAROS
MACTINA BERMECTINE	ABAMECTINA 1,8%	MANZANO ORNAMENTALES TOMATE LECHUGA VIÑEDO	ÁCAROS Y PICUDO PALMERA
FLASCH	FENPIROXIMATO 5%	FRUTALES DE PEPITA ORNAMENTALES TOMATE VIÑEDO	ÁCAROS ARAÑA ROJA
CYTHIRIN 100 CIBELTE 10	CIPERMETRINA 10%	MAIZ, PATATA REPOLLO TOMATE VIÑEDO ORNAMENTALES	ORUGAS MOSCA BLANCA PULGONES TALADRO
RITMUS	DELTAMETRINA 2,5%	PEPITA MAIZ, PATATA Y TOMATE	CARPOCAMSA ORUGAS PULGONES ESCARABAJO TALADROS
RITMUS LAMBDA	LAMBDA CHIALITRIN 2,5%	FRUTALES MAIZ, PATATA VIÑEDO	CARPOCAMSA ORUGAS PULGONES ESCARABAJO
CLORIFOS 5G (INSECTICIDA DE SUELO)	CLORIFOS 5%	HOTÍCOLAS MAIZ Y PATATA	GUSANOS DE SUELO
KILSEC	PIRIMICARD 50%	MANZANO TOMATE LECHUGA REPOLLO	PULGÓN
CIMOXPROM (PREVENTIVO, CURATIVO Y PENETRANTE)	CIMOXALINO 4% + MANCOZEB 40%	LECHUGA PATATA TOMAYE	MILDIU ALTERNARIA
SONG	TEBUCONAZOL 25%	HORTÍCOLAS TOMATE	OIDIO MOTEADO BROTITIS ROYA

Es evidente que la oferta de productos de elaboración química, es mucho mayor que la de productos ecológicos, pues, hasta hace bien poco, ecológico solo existía el Cobre, quiero decir con esto que algo vamos avanzando.

Por otra parte hemos de tener en cuenta que los productos ecológicos, son menos efectivos que los químicos.

Es importante conocer ésto, porque en función de la enfermedad o plaga, y del tipo de cultivo a plantación, nos tendremos que plantear qué tipo de producto vamos a utilizar.

No es lo mismo una plantación de manzana de mesa, que una de sidra.

No es lo mismo un fuerte ataque de pulgón Ceniciento en una pumarada adulta, que en otra cuyos árboles están en fase de formación.

Otro apartado muy importante, que conviene tratar, es el de los herbicidas.

En capítulos anteriores, ya he comentado que no soy nada partidario de ellos.

Su uso, debería ceñirse exclusivamente a bordes de caminos, cunetas, carreteras, ferrocarril etc.

Lamentablemente, debido a la gran comodidad que aporta, cada vez se usa más en cultivos, praderas etc.

Conviene tener que cuenta que:

Los productos comerciales que más se venden, contienen GLIFOSATO, esta materia activa, está siendo objeto de debate prácticamente en toda Europa, con opiniones encontradas entre fabricantes y grupos y colectivos profesionales y ecologistas.

En el 2.016, la Comunidad de Madrid, prohíbe el uso de herbicidas en las carreteras de su competencia.

Otros países europeos, parece que también adoptan medidas similares.

En el aspecto personal, parece demostrado que el contacto con este producto, produce riesgo de cáncer, clasificado con A2.

El uso continuado de herbicidas, elimina la fauna que anida en el suelo. Incluso puede llegar a desertizar el terreno, convirtiéndolo en más arenoso, consecuentemente, las raíces del árbol, pierden agarre, produciendo caídas e inclinaciones.

En esta circunstancia, el terreno tardaría años en regenerarse.

Aplicaciones muy intensivas seguidas de lluvia, producen contaminación en acuíferos, ríos, etc.

Dosis mal aplicadas producen resistencia en plantas de fuerte enraizamiento y de fácil reproducción por su cantidad de semillas, que son transportadas con mucha facilidad, por la acción del viento, agua y las aves.

Tened en cuenta que calcular la dosis que tenemos que aplicar, no es nada fácil, ya que influye, tanto el paso por la boquilla del pulverizador, como la velocidad que imprime el aplicador, bien sea mecánica, tractor o a pie, cuando aplicamos con mochila.

Sin ninguna duda, el producto estrella del marcado, tanto por su efectividad, como por su coste, muy económico es:

El Roundup, con materia activa Glifosato, elaborado por Monsanto.

Otro producto, es el Tomcato, materia activa Glifosato 36% de la casa Probelte.

Parece ser que se empieza a comercializar algún producto más ecológico, con base de vinagre diluido.

Tiene un coste bastante elevado, y su efectividad ofrece bastantes dudas.

No quisiera terminar este capítulo, sin dar a conocer la composición de algunos caldos de elaboración casera, a base de productos naturales.

Algunas aportadas por compañeros y otras por experiencia propia.

Estos elaborados, actúan principalmente como repelentes, no como curativos, por lo que su uso debe ser preventivo. Antes de que la plaga se instale en la planta.

También hay que tener en cuenta, que tenemos que ser muy persistentes, si pulverizamos una vez y pensamos que ya no vamos a tener ninguna plaga, nos equivocamos totalmente, posiblemente a los cuatro o cinco días ya la tengamos. Estos productos no causan daños a la planta, por lo que deberíamos aplicarlos como mínimo semanalmente, hasta que tengamos la seguridad que la plaga ya no va a entrar por estar fuera de período.

Es la única forma para que tengan cierta efectividad.

Comenzaremos por el JABÓN POTÁSICO, que aunque se puede elaborar de forma artesanal, mi consejo es que se compre ya fabricado, no es un producto caro, elaborarlo artesanalmente no es fácil, y no nos va a suponer una gran ahorro.

JABÓN POTÁSICO

Fig. 14.26 (Fuente Biohuerto)

Producto ecológico, certificado conforme al reglamento de la CEE 834/2007

Compuesto por Hidróxido Potásico (KOH) y aceites grasos, tipo girasol.

USOS

Como FITORREGULADOR, pulverizando sobre la flor. (Lo hemos visto en al capítulo dedicado a este tema).

Como ABONO FOLIAR, hace una gran limpieza de las hojas, eliminando residuos y restos dejados por alguna plaga, dejando las hojas brillantes y facilitando su función respiratoria y fotosintética.

Al descomponerse, suelta Carbonato de Potasa, muy buen nutriente para las raíces de la planta.

Como INSECTICIDA, es bastante efectivo contra pulgones, mosca blanca, cochinillas etc.

Se puede utilizar mezclado con Aceite de Neem, esto aumentaría su efectividad como insecticida, ya que el aceite es un buen repelente para los insectos y también es un producto ecológico.

Debemos utilizarlo diluyéndolo con agua, a razón de 1 ó 2%, es decir, entre 50 y 100 ml. por 5 litros de agua.

Las mismas dosis, como insecticida que como fertilizante.

Debemos pulverizar muy bien las hojas, tanto por al haz como por el envés.

Hacerlo siempre a primera hora de la mañana o a última hora de la tarde, ya que su efectividad, se reduce cuando se aplica a pleno sol.

Durante la primavera, tratar al menos cada quince días, en función de los ataques de plaga que tengamos.

Aconsejable no utilizar en plantas donde al día siguiente vayamos a recoger cosecha.

Se puede utilizar varias veces, ya que es biodegradable, no deja restos de aceite, no contiene biocidas ni venenos, y no es perjudicial para la biodiversidad.

DIATOMEA (Tierra blanca)

Fig. 14.27 Diatomea

Uno de mis productos naturales preferidos, la suelo utilizar con frecuencia y he podido comprobar que es bastante efectiva.

La DIATOMEA, proviene de la fosilización de algas marinas.

Contiene mucha cantidad de Sílice.

Actúa como insecticida, desecante, regenerador del suelo, incluso como desparasitador de animales de compañía como perros o gatos y como repelente de babosas y caracoles.

Como insecticida, se adhiere a los insectos, pulgones, cochinillas, orugas, pulgas etc., y la Sílice, al actuar como desecante, absorbe sus jugos, produciendo su muerte por deshidratación, no por envenenamiento como un insecticida químico.

De esta manera, los insectos, no adquieren resistencia.

Muy efectivo como desecante, si lo aplicamos en semilleros.

Es un buen regenerador de suelos demasiado ácidos o contaminados.

Como desparasitador, hay que echar el polvo a los animales y distribuirlo por todo el pelaje, frotando bien con la mano.

Como repelente de babosas y caracoles, echarlo en el suelo, haciendo un círculo alrededor de la planta, hay que tener cuidado, porque con la lluvia o con el riego, lo absorbe la tierra, por lo que tendremos que reponer. Con días buenos, es bastante persistente.

Para el uso en el huerto o árboles, suelen aconsejar diluirlo bien en agua y pulverizar.

Personalmente este sistema no me gusta nada, lo he probado varias veces y la Sílice obtura con mucha facilidad la boquilla del pulverizador, por lo que es muy complicado su uso.

He comprobado que aplicándolo en polvo, con un fuelle convencional, es mucho más fácil y efectivo, sobre todo cuando lo utilizamos en interior de invernadero, ya que al aplicar en seco, no generamos esa humedad que favorece la entrada de hongos.

Como es un polvo muy fino, es muy fácil inhalarlo, por lo que debemos utilizar una mascarilla.

La Diatomea, se puede adquirir en cualquier tienda o almacén de productos agrícolas. Tiene un precio muy asequible.

Procurar que sea 100% natural, que no sea un producto compuesto.

Fig. 14.28

HERBICIDA NATURAL

Ya hemos hablado en este capítulo de las consecuencias del uso de herbicidas.

Sobre todo, cuando se utilizan para eliminar hierbas en la pradera de la plantación, alrededor de los árboles, para facilitar la limpieza de la misma.

El uso continuado de herbicidas químicos, terminará afectando tanto al suelo, como la fauna que anida en el mismo.

El VINAGRE, es un buen herbicida, si lo utilizamos sin diluir, la hierba se va a secar enseguida, quizás en plantas de hojas anchas, con mucho enraizamiento, tengamos que aplicar varias veces para terminar de secarla totalmente.

El problema es, su precio, ya que para utilizar en grandes espacios, es un producto que nos va a resultar muy caro.

Lo mejor es que se utilice de forma selectiva, en plantas invasoras o malas hierbas que afecten a nuestro huerto.

Al utilizarlo específicamente sobre plantas concretas, no sería necesario pulverizar, ya que vamos a gastar más producto y quemar hierbas o plantas que no son perjudiciales.

Bastaría con aplicarlo directo a la planta, bien sea con una brocha o incluso chorreando directamente.

Una forma de abaratar este producto, es haciéndolo directamente nosotros mismos.

Solo necesitamos un poco de infraestructura:

Necesitaríamos una pequeña trituradora de manzana, un llagar o prensa y un depósito con la capacidad que nos parezca la más adecuada.

Una vez triturada la manzana, la prensaríamos para extraer su mosto, y lo echaríamos en el recipiente llenándolo totalmente dejando la boca abierta, para que se produzca la fermentación tumultuosa. Esta fermentación, lo que hace es echar mucha espuma por el bocal, puede durar unos quince días, a partir de ese momento lo mejor sería pasarlo a un depósito de madera, no llenarlo del todo, para que tenga el líquido más superficie en contacto con el oxígeno.

Este depósito convendría tenerlo en un sitio donde haya intercambio de oxígeno, es decir, que tenga algo de ventilación, y si lo ponemos en un lugar donde le dé un poco el sol, mejor aún.

Si no disponemos de depósito de madera, puede servir un garrafa de plástico o de vidrio, no utilizar nunca depósitos metálicos, excepto de acero inoxidable.

Debemos controlarlo, hasta que apreciemos que ya está bien avinagrado. Por el olor, ya lo podemos saber.

Observad, que en la parte inferior del depósito, se habrán depositado unos lodos, tendremos que extraer sólo la parte líquida.

Los lodos que dejamos en el depósito, favorecerán la fermentación de la siguiente remesa de mosto.

El líquido hay que pasarlo varias veces por el tamiz hasta que quede bien filtrado y ya estaría en disposición de ser utilizado.

Para cinco litros de mosto, vamos a necesitar unos 9 Kg. de manzana, una vez triturada y bien prensada, vamos a extrae aproximadamente el 60% de mosto, unos 5,5 l.

Insisto una vez más, del uso responsable de estos productos herbicidas.

FUNGICIDA

Contra Mildiu, Oídio, etc.

Ingredientes:

Leche desnatada, Bicarbonato sódico y agua.

El agua, mejor que sea de lluvia, si es del grifo, dejarla declorar al menos durante un par de horas.

A 1,5 l. de agua, añadir 350 ml. de leche desnatada y dos cucharaditas de café de bicarbonato sódico.

Batirlo bien para que se mezcle, estando listo para el uso.

Procurar fumigar a primera hora de la mañana o a última hora de la tarde, fumigar bien las hojas, tanto por el haz, como por el envés, las plagas suelen estar más bien por esta parte.

La efectividad de este preparado, es más bien preventiva, por lo que sería conveniente aplicar cada 8 ó 10 días.

INSECTICIDA

Contra pulgones, moscas, hormigas etc.

Elaborado con base de cáscaras de cítricos.

Ingredientes:

Piel del limón, de la naranja y también del pomelo.

Poner a hervir un litro de agua.

Cuando esté hirviendo, añadir la piel de cuatro cítricos, mejor que sean variados, es decir, piel de limón y naranja o naranja y pomelo. En fin, que no sea de un solo cítrico.

Dejarlo que siga hirviendo durante 4 ó 5 minutos, retirarlo del fuego y dejarlo reposar durante un par de horas.

Colar muy bien la mezcla, incluso pasándola por el tamiz, se trata de eliminar totalmente los restos de la piel, y estará listo para el uso.

Hay que ser muy persistentes, con una sola pulverización no vamos a conseguir el objetivo, hay que repetir varias veces, hasta que veamos resultados.

INSECTICIDA

Contra pulgón, moscas, hormigas etc.

Ingredientes:

Dos cabezas de ajo, media cebolla, un pequeño trozo de jabón del hogar y un litro de agua, sin cloro. Siempre aconsejo agua de lluvia.

Cortar lo más menudo posible las dos piezas de ajo y la media cebolla, echarlo al litro de agua y lo vamos a dejar macerar durante 24 horas, taparlo con un trapo para que tenga traspiración y no entren impurezas.

Una vez macerado, añadir el jabón en trocitos pequeños y ponerlo a cocer a fuego lento durante unos 25 minutos.

Hay que revolver durante la cocción, para que el jabón se desintegre bien.

Dejarlo enfriar y colarlo bien, incluso por tamiz, para que no pasen restos y nos puedan obturar el pulverizador.

PURÍN DE ORTIGAS

Es un buen repelente para insectos y hongos, por lo que su uso deber ser preventivo.

También es un buen abono foliar.

Recoger las ortigas cortándolas, antes de que empiecen a florecer, procurar elegir plantas jóvenes, y evitar arrancarlas de raíz.

Para de 5 l. de agua, necesitamos medio kilo de ortigas.

El preparado lo haremos un recipiente de plástico, nunca metálico ni de madera.

Cortar el medio kilo de ortigas con tallo, en trozos pequeños y añadir 5 l. de agua de lluvia o previamente declorada.

Tapar el recipiente con un trapo, para evitar que caigan impurezas y que permita transpiración.

Revolver diariamente durante cinco minutos, durante 10 ó 15 días, en función de la temperatura. Veremos que durante este proceso de fermentación, se genera un burbujeo y espuma.

Cuando veamos que solo se genera espuma al revolver, y que ya no hay ningún burbujeo, es que ya ha dejado de fermentar.

En este momento, tenemos que colar muy bien el purín, utilizando primero un colador y después un cedazo.

Se puede conservar en un sitio oscuro, y mantenerlo en un recipiente de cristal.

Para su uso como preventivo de insectos y hongos, tenemos que diluirlo con agua de lluvia, a razón del 5%, es decir, 250 ml. por 5 l. de agua.

Aplicar una vez por semana, procurando hacerlo a primera hora de la mañana o a última hora de la tarde, se trata de evitar las horas de sol.

Como abono foliar, pulverizar a razón del 2%, es decir, 100 ml. por 5 l. de agua.

También es bueno pulverizar la superficie del suelo alrededor del árbol.

Aplicando sobre las hojas, aporta nutrientes como Nitrógeno, Fósforo etc. y facilita la función fotosintética.

Como abono en el suelo, favorece la actividad de las lombrices de tierra y de otros microorganismos beneficiosos.

En el compost, estimula la descomposición de la materia orgánica.

Conviene tener en cuenta que este purín, desprende un olor muy fuerte, muy parecido a la orina de las vacas, por lo que debemos utilizar protecciones y ropa desechable.

PURIN DE HIEDRA

Se trata de un caldo de hiedra, muy similar al purín de ortigas y su función, es prácticamente la misma.

Lo único que no desprende tan mal olor.

Para una cantidad de 5 l. de agua de lluvia, o declorada, necesitaremos medio kilo de hiedra.

Vale cualquier variedad, recoger por la parte más joven o tierna, incluído el tallo.

Cortarlas en trozos pequeños.

Añadir los 5 l. de agua y dejarlo macerar durante 15 días removiendo todos los días durante unos 5 minutos. (Exactamente igual que el purín de ortigas).

Una vez que veamos que ya ha dejado de fermentar, colar varias veces y pasar por cedazo.

Conservarlo en recipiente de cristal o plástico.

Para aplicar, diluir a razón del 5%, es decir, 250 ml. por cinco litros de agua.

Para eliminar pulgones, aplicar cada tres días hasta controlar la plaga.

Como siempre, pulverizar siempre a primera de la mañana o a última hora de la tarde.

BORRA DEL CAFÉ

La borra o posos del café, contienen cafeína y minerales como Fósforo, Potasio, etc.

Aporta acidez a la tierra, por lo que su uso, debe ser controlado, con el fin de no bajar mucho el PH.

Para su uso, conviene dejarla secar bien.

Principales usos:

En el compostador además de aportar nutrientes, facilitará la reproducción de lombrices de tierra.

Como fertilizante:

A 5 litros de agua añadir dos tazas de borra, revolver muy bien y dejar reposar durante unas 10 horas.

Filtrar bien el caldo y abonar.

Muy apropiado para plantas solanáceas, tomate, pimiento, berenjena, que les vienen muy bien en terrenos un poco ácidos.

Como repelente de caracol y babosa:

Echar la borra alrededor de la planta, procurando que no la toque, actuará como repelente y evitará el paso de caracoles y babosas.

CENIZA

Debe ser de madera quemada o restos naturales, nunca de productos plásticos, sintéticos u otros similares.

Actúa como repelente de caracoles y babosas, echando la ceniza alrededor de la planta, sin tocarla.

También se puede utilizar como cicatrizante.

Al cortar una rama, de una planta o de un árbol, si la aplicamos a la herida, eliminará la humedad y se secará mucho más rápido.

Insisto por enésima vez, que el uso de pesticidas, es uno de los grandes males de nuestro tiempo, en lo que se refiere al ecosistema.

Actuar de una forma responsable, identificar bien la enfermedad, ver qué producto vamos a utilizar y ver qué contraindicaciones puede tener.

Procurar evitar enfermedades trabajando con preventivos ecológicos.

Los cursos sobre el uso de fitosanitarios, son muy interesantes, procurar asistir a éllos, aprenderemos a identificarlos, a interpretar bien su etiqueta, sus dosis, etc.

No actuar nunca contra una plaga de una manera irresponsable, sin importarnos todo lo demás.

Pensemos que no estamos curando una enfermedad, mañana tendremos otras mucho más fuertes, sencillamente, lo que hacemos es sembrar veneno.

Marcar como objetivo que nuestra pumarada y nuestro huerto, tienen que estar exentos de todo tipo de contaminación.

CAPÍTULO XV

RESUMEN, PRESAGIO Y EL FINAL

RESUMEN

Si en la lectura de este libro has llegado hasta este capítulo, y has entendido las técnicas y opiniones explicadas para el conocimiento y el cultivo del manzano, estarás perfectamente capacitado para plantar y cuidar una pumarada con muy buen criterio.

También habrás conocido un vegetal excepcional, EL MANZANO y te habrás sorprendido con alguna de sus características y funciones. Seguro que también sentirás la necesidad, si es que no la tienes, de plantar alguno y disfrutar de esta experiencia.

Así pues, anímate, no partes de cero, tienes un conocimiento teórico lo suficientemente amplio para empezar con éxito esta hermosa aventura.

Sé que te falta experiencia y que te surgirán dudas, no temas, lograrás superarlas con la práctica, y ésta sólo la puedes adquirir trabajando con el árbol, observándolo con detenimiento, fijándote en sus partes y ver cómo se van transformando a medida que va desarrollando su ciclo. Vive todos éstos cambios con él y llegarás a dominarlo perfectamente.

PRESAGIO

No hemos sabido cuidar de lo mejor que tenemos y dejamos a nuestros hijos un mundo lamentable: aire viciado, suelos envenenados a cambio de muy poco o de nada, sólo hay que ver como todos los años, se tiran tomates, naranjas, manzanas, se dejan secar lechugas, porque su precio ni siquiera cubre los gastos de recogida.

¿Y para esto hemos contaminado aire, tierra, mares, ríos, acuíferos y hemos aniquilado la biodiversidad?

Acordaros de los métodos empresariales explicados en el capítulo de la vecería:

"Aplicar métodos o sistemas de producción, para vender un producto más barato, ES EL FIN, siempre habrá otros que lo hagan más barato todavía"

El hambre en el mundo no se acaba produciendo unos mucho a costa de lo que sea, y otros nada.

Pero cuando escribo este último capítulo, algo se ha empezado a mover. Es algo que me llena de optimismo y confianza en un futuro no muy lejano, mucho más limpio y natural.

La joven de 16 años Greta Thumberg, sentada delante del Parlamento Sueco, exigiendo protección medioambiental para el planeta.

La presión a nivel mundial para eliminar el Glifosato de los herbicidas.

La Unión Europea, que con su política agraria comienza a exigir a los países que se ponga freno a los cultivos intensivos, a cambio de cultivos sostenibles llevados a cabo en zonas rurales, para lo cual exigen medidas que acaben con el despoblamiento de estos núcleos.

En consonancia con esto, el Ayuntamiento de Yecla, ya estudia medidas para ir poniendo freno a esto cultivos.

Las manifestaciones multitudinarias en varias capitales europeas y en muchas ciudades de nuestro País, exigiendo medidas para frenar el cambio climático.

Esto no ha hecho más que empezar, tal como se ha comentado a lo largo de los capítulos de este libro, tanto a los gobiernos, como a nosotros mismos, no nos queda más remedio que empezar a actuar.

La más que necesaria reducción de los cultivos intensivos, tiene que ser compensada y acompañada de medidas para fijar población en los núcleos rurales, por lo que los Ayuntamientos y las Comunidades Autónomas tienen que empezar a aplicar políticas que faciliten el retorno de población a los mismos.

Medidas como favorecer el cultivo agrícola y plantaciones de frutales sostenibles en zonas cultivables, que frenen el aumento de bosque bajo y matorrales y que permitan a estos pequeños agricultores y fruticultores poner sus excedentes de producción en mercados y tiendas de alimentación.

"El monte es el reflejo de los cambios socioeconómicos. Mucha gente joven abandona las zonas rurales para buscar trabajo en las ciudades y lo que antes eran campos agrícolas se convierten en bosques"

"Política forestal. Invertir en el monte potenciando la biomasa, el pastoreo y determinados cultivos como la viña, olivo y concienciando a la sociedad que debe ser partícipe de esta inversión. Exigir a la población residente en el monte y en las zonas interfaz urbano-forestal medidas de autoprotección contra los incendios"

Ramón María Bosch (Asociación Española de Protección Contra Incendios), diario La Nueva España del 6 de Octubre de 2.019.

"En lo que va de este año 2.019, los incendios han destruido 70.000 Ha. de masa forestal».

"La administración renuncia a la gestión del bosque y favorece la urbanización en zonas de riesgo"

"En España, cada vez hay más masa forestal, pero está peor gestionada, lo que favorece los incendios."

Diario La Nueva España del 6 de Octubre de 2.019

Las políticas prohibitivas, han sido una de las principales causas de este desastre.

A la opinión de Ramón María, que comparto totalmente, añadiría lo siguiente:

Poner los montes en manos de los paisanos, como han estado toda la vida y que sin muchos medios nos han dejado una de las mayores masas forestales de Europa. Dejarlos explotar el bosque, aparte de la biomasa, pastoreo y determinados cultivos, añadiría repoblación de los mismos con árboles autóctonos, que permitan la comercialización de sus frutos, nogal, castaño, avellano, etc.

Ya se ha comentado en otros capítulos que estas medidas ayudarían mucho a la fijación de la población rural, se crearían empresas, cooperativas y con los montes limpios y trabajados, seguro que se reducirían los incendios y aportarían mucha economía a la pueblos.

Pediría a la Administraciones Públicas, que dejen a los pequeños agricultores y fruticultores trabajar sus tierras y ganar dinero, que no sean tan exigentes con normativas legales, establezcan baremos de exigencia, no es lo mismo un pequeño agricultor que vende sus excedentes, que una gran explotación que vende toneladas.

Hagan todo lo posible para que los pueblos se vuelvan a llenar de actividad, bares-tienda, asociaciones vecinales y culturales, fiestas, en definitiva, "VIDA".

Con estos ingredientes, tengo el presentimiento que no tardando mucho, el futuro de la manzana en la zona norte, puede ser la manzana de mesa.

En mi tierra, Asturias, en el banco de Germoplasma del SERIDA, hay cientos de plantones de manzanos autóctonos de mesa.

Cientos de aromas, sabores, manzanas que se conservan durante meses en despensa, sin productos conservantes.

Hay que poner estos manzanos a producir, pequeñas pumaradas con certificación ecológica, pumaradas que con un mínimo de tratamientos, estarían en perfectas condiciones de consumo.

Rutas de comercialización directa de la pumarada al mercado o a la tienda.

Restaurantes, sidrerías, podrían incluir en sus cartas y menús postres exquisitos, a base de manzanas asadas, compotas de manzana, etc.

Postres baratos, naturales y más sanos, ya que sólo aportan los azúcares naturales de la fruta.

Los consumidores tenemos que educar nuestra forma de alimentación, exigiendo productos de la zona y de cultivos sostenibles, distinguiendo entre una fruta o un producto que proviene de cultivos intensivos, con muchos tratamientos, eso sí, con un aspecto impresionante, que no tiene nada que ver con productos de nuestro entorno con peor aspecto, pero más naturales, sanos, aromáticos y sabrosos.

Defendamos lo nuestro, generemos en la medida de lo posible una economía circular, que lo que se gane aquí, se gaste o invierta aquí. Repito, "en la medida de lo posible, no pongamos puertas a la globalización". Pero primero, LO NUESTRO.

EL FINAL

Los vegetales, lo mismo que los animales, tiene vida propia. Nacen, crecen, se reproducen y mueren.

Hemos visto como nace un manzano, lo hemos plantado, lo hemos formado, lo hemos cuidado, lo hemos visto crecer y producir, pero, lo mismo que a todos un día le va a llegar su fin.

Veremos como poco a poco va perdiendo fuerza, cada año producirá menos y frutos más pequeños y llegará una primavera y sus ramas no se llenarán de hojas, ni de flores, se habrá secado por agotamiento fisiológico.

Lo mejor que podemos hacer, es talarlo y aprovechar su madera como leña para nuestra chimenea, veremos como al quemar inunda nuestro hogar de un aroma afrutado muy agradable.

Hasta en ese momento, de convertirse en ceniza y de desaparecer por completo, es elegante **EL PUMAR**.

Agradecimientos

AL EXCELENTÍSIMO AYUNTAMIENTO DE NAVA (ASTURIAS).
MUSEO DE LA SIDRA DE NAVA (ASTURIAS)
CLUB SIERENSE DE AMIGOS DE LA MANZANA DE SIERO (ASTURIAS)
Por su colaboración en la edición del libro.

A GUILLERMO SUAREZ MENÉNDEZ.
Por la corrección del libro.

A JOSÉ MADIEDO (VIVEROS MADIEDO)
Por su información sobre los dobles injertos.

A PAU SOLÉ MAGDALENA
Por su información de productos fitosanitarios